Abdennour Boukaache
Noureddine Doghmane

Compression progressive d'images par une transformation hybride

Abdennour Boukaache
Noureddine Doghmane

Compression progressive d'images par une transformation hybride

la DCT - DWT hybride et le codage SPIHT

Presses Académiques Francophones

Impressum / Mentions légales

Bibliografische Information der Deutschen Nationalbibliothek: Die Deutsche Nationalbibliothek verzeichnet diese Publikation in der Deutschen Nationalbibliografie; detaillierte bibliografische Daten sind im Internet über http://dnb.d-nb.de abrufbar.
Alle in diesem Buch genannten Marken und Produktnamen unterliegen warenzeichen-, marken- oder patentrechtlichem Schutz bzw. sind Warenzeichen oder eingetragene Warenzeichen der jeweiligen Inhaber. Die Wiedergabe von Marken, Produktnamen, Gebrauchsnamen, Handelsnamen, Warenbezeichnungen u.s.w. in diesem Werk berechtigt auch ohne besondere Kennzeichnung nicht zu der Annahme, dass solche Namen im Sinne der Warenzeichen- und Markenschutzgesetzgebung als frei zu betrachten wären und daher von jedermann benutzt werden dürften.

Information bibliographique publiée par la Deutsche Nationalbibliothek: La Deutsche Nationalbibliothek inscrit cette publication à la Deutsche Nationalbibliografie; des données bibliographiques détaillées sont disponibles sur internet à l'adresse http://dnb.d-nb.de.
Toutes marques et noms de produits mentionnés dans ce livre demeurent sous la protection des marques, des marques déposées et des brevets, et sont des marques ou des marques déposées de leurs détenteurs respectifs. L'utilisation des marques, noms de produits, noms communs, noms commerciaux, descriptions de produits, etc, même sans qu'ils soient mentionnés de façon particulière dans ce livre ne signifie en aucune façon que ces noms peuvent être utilisés sans restriction à l'égard de la législation pour la protection des marques et des marques déposées et pourraient donc être utilisés par quiconque.

Coverbild / Photo de couverture: www.ingimage.com

Verlag / Editeur:
Presses Académiques Francophones
ist ein Imprint der / est une marque déposée de
OmniScriptum GmbH & Co. KG
Heinrich-Böcking-Str. 6-8, 66121 Saarbrücken, Deutschland / Allemagne
Email: info@presses-academiques.com

Herstellung: siehe letzte Seite /
Impression: voir la dernière page
ISBN: 978-3-8381-8914-7

Table des matières

Chapitre 1
Généralités sur la compression des images

Chapitre 2
Etat de l'art sur les méthodes de compression par transformations

Chapitre 3

Compression par transformation DCT – DWT hybride

Chapitre 4

Codage SPIHT modifié

Liste d'abréviations

DCT	Discrete Cosine Transform
JPEG	Joint Photographic Experts Group
JPEG2000	Joint Photographic Experts Group 2000
DWT	Discrete Wavelet Transform
NLA	Non-Linear Approximation
SPIHT	Set Partitioning In Hierarchical Trees
MSB	Most Significant Bit
TVHD	Télévision Haute Définition
RC	Rapport de Compression
RMSE	Root-Mean-Square Error
SNR	Signal-to-Noise Ratio
PSNR	Peak Signal-to-Noise Ratio
MOS	Most Observer Score
ACP	Analyse en Composante Principale
LZ77	Lempel-Ziv-77
LZW	Lempel-Ziv-Welch
ARJ	Archived by Robert K. Jung
GIF	Graphics Interchange Format
PNG	Portable Network Graphics
QS	Quantification Scalaire
QV	Quantification Vectorielle
DFT	Discrete Fourier Transform
FFT	Fast Fourier Transform
KLT	Karhunen–Loève Transform
TO	Transformée en ondelettes
QMF	Quadrature Mirror Filters
EZW	Embedded coding with Zerotree of Wavelet coefficients
LL	Low – Low
HL	High – Low
LH	Low – High
HH	High – High
POS	Positive

NEG	Négative
AZ	Arbre de Zéros
ZI	Zéro Isolé
LSB	Least Significant Bit
LCS	Liste des Coefficients Significatifs
LCN	Liste des Coefficients Non Significatifs
LEN	Liste des Ensembles Non Significatif
SPECK	Set-Partitioning Embedded Block Coder
EBCOT	Embedded Block Coder with Optimal Truncation

Liste des figures

Liste des tableaux

Dédicaces

A mes parents, ma femme et mes filles ; Safia, Maîmouna & Hind.

Introduction générale

Introduction générale

Actuellement, le terme « *image* » est devenu indispensable dans le monde des sciences et des technologies de l'information. Plusieurs domaines et applications sont basés sur le traitement des images.

La représentation numérique des images a commencé avec les débuts de l'informatique. L'image étant un média à fort contenu sémantique, elle est devenue un moyen de communication à part entière de plus en plus présent dans notre vie quotidienne. Elle est également un outil de travail essentiel dans divers domaines comme le biomédical, l'imagerie satellitaire et astronomique, la production cinématographique, les applications militaires ou encore l'informatique industrielle.

En tenant comptes des développements technologiques et les besoins scientifiques, les images sont devenues plus volumineuses et couteuses en taille mémoire et en temps de transmission. D'autres parts, l'intérêt récent du grand public pour l'image numérique, au travers des appareils photos numériques, des téléphones portables ou des ordinateurs personnels, montre que les problématiques liées à sa représentation, son stockage et sa transmission ont toujours passionnés les scientifiques, les chercheurs et les industriels et ils est toujours d'actualité[1]. En effet, les objectifs sont de pouvoir :

- stocker le maximum d'images avec des définitions de plus en plus élevées sur des supports limités,
- augmenter les débits en communication
- au profit d'une dégradation la plus faible possible.

La compression consiste à chercher comment décrire de manière la plus succincte possible l'information, en s'autorisant éventuellement à la dégrader "légèrement". Ce traitement permet non seulement de réduire le nombre d'éléments nécessaires pour la représenter, mais également de simplifier les traitements ultérieurs en condensant l'information. L'objectif de la compression d'image est de réduire la quantité de mémoire nécessaire pour son stockage ou de manière équivalente de

2

réduire le temps de transmission de celle-ci. Les techniques de compression d'images permettent de réduire les données constituant l'image tout en éliminant la redondance des informations qu'elles contiennent [2]. Un autre objectif essentiel de la compression est de trouver le meilleur compromis entre la quantité d'information conservée et l'impact visuel des dégradations apportées sur l'image. Enfin, du fait de la masse des données à traiter, un compromis est souvent nécessaire entre la complexité des opérations effectuées et la qualité des résultats obtenus [1].

Une méthode de compression est normalement conçue pour un type d'images spécifiques. Dans la littérature, plusieurs approches existent comme les méthodes statistiques, les méthodes de type dictionnaire et les méthodes par transformations.

La compression d'image par transformation, exploitant la redondance existante entre les pixels de l'image, consiste à transformer les valeurs des pixels ou changer la représentation et ensuite coder les valeurs obtenues. En effet, la redondance présente dans une image est due essentiellement à la forte corrélation entre ses pixels ; c'est ce que l'on appelle la redondance intra-image. Alors, la transformation de l'image va la projeter dans un domaine transformé ou les coefficients de ce domaine sont décorrélés. D'autre part, si les coefficients transformés sont décorrélés, la distribution des probabilités n'est plus uniforme. Ceci réduit encore l'entropie de l'image.

Nous pouvons citer, parmi les méthodes par transformées, la transformation en cosinus discrète (*DCT : discrete cosine transform*) qui est à la base du standard international de compression JPEG. Si ce dernier atteint en général des taux de compression assez élevés, il ne facilite cependant pas l'obtention des versions multi-résolutions de l'image originale. Or, la notion de multi-résolution présente de réels intérêts. Burt et Adelson [3], à titre d'exemple, se sont orientés vers la recherche d'une transformation de l'image sous forme pyramidale. Ils aboutissent ainsi à la pyramide gaussienne puis à la pyramide Laplacienne. De nombreux travaux sont alors entrepris dans la même voie [4], [5] afin de répondre à une propriété supplémentaire, à savoir l'orthogonalité de la transformation. Finalement, un outil de decorrélation, orthogonal et satisfaisant les propriétés de bonne localisation spatiale et fréquentielle fut adopté: la transformée en ondelettes [6].

Les ondelettes ont gagné un intérêt considérable en traitement du signal, et spécialement en compression d'images. Le standard le plus récent de compression d'image, le JPEG2000, utilise la transformée en ondelette discrète (*DWT : discrete wavelet transform*). Il offre de nombreux avantages par rapport à la norme JPEG tels que le codage progressif et la multi-résolution.

L'idée de représenter un signal à différentes résolutions permet d'en extraire ses tendances principales en un nombre restreint de coefficients, tout en localisant précisément les discontinuités. Il est bien connu que les ondelettes sont optimales pour la représentation de signaux unidimensionnels (1D) possédant un nombre fini de discontinuités [7]. En effet, l'erreur quadratique moyenne d'une approximation non-linéaire (NLA : *non-linear approximation*) faite à partir des k coefficients d'ondelettes maximaux décroît en $O\left(k^{-1}\right)$.

Dans le cas des images, pour des raisons de simplicité et d'efficacité, les ondelettes ont souvent été utilisées de manière séparable sur les axes horizontal et vertical. Il en résulte une décorrélation partielle de l'image, qui se traduit par la présence de nombreux coefficients de forte énergie le long des contours après décomposition par ondelettes.

Les bases d'ondelettes orthogonales sont capables de résoudre un problème essentiellement 1D, celui de l'analyse des singularités ponctuelles. Mais, en 2D, le problème devient beaucoup plus complexe, à cause de la présence de singularités curvilignes.

Les ondelettes classiques ne sont pas capables de représenter de telles singularités de façon efficace à cause de leur support carré. D'autre part, elles manquent des caractéristiques directionnelles pour l'image car la décomposition en ondelette utilise seulement trois (03) directions : horizontale, verticale et diagonale pour l'analyse des signaux 2D. Alors, les ondelettes permettent d'isoler des points de

4

discontinuités mais elles ne permettent pas de distinguer les courbes régulières dans l'image.

En théorie de l'approximation non linéaire, permettant de mesurer l'erreur d'approximation d'une fonction dans une base ainsi que la vitesse de décroissance de cette approximation, la transformation optimale pour la compression est celle qui donne les meilleurs résultats d'approximation non linéaire. Autrement dit, l'erreur d'approximation est la vitesse de décroissance de l'approximation non linaire. Dans le cas des signaux monodimensionnels 1D réguliers par morceaux, en trouve que la transformation en ondelettes donne les résultats optimaux au sens de l'erreur d'approximation, ce qui justifie les performances de cette méthode pour la compression. Par contre, pour les fonctions bidimensionnelles 2D régulières par morceaux qui ressemblent aux images naturelles, les bases d'ondelettes, bien que plus efficaces que la base de Fourier, sont incapables de capturer la régularité géométrique des contours : les ondelettes qui touchent les bords donnent de grands coefficients et leur nombre important limite fortement la décroissance de l'erreur qui se comporte comme k^{-1}(k : *nombre de coefficients maximaux*) alors que la décroissance optimale est de l'ordre de k^{-2}[8] pour les fonctions C^2 qui ressemblent aux images naturelles.

Bien que la dépendance résiduelle soit néanmoins réduite et partiellement exploitée par les codeurs de sous-bandes dans le cas de la compression d'image, il semble intéressant de chercher une transformée qui résout les problèmes déjà mentionnés.

Basées sur ces observations, de nombreuses transformées orientées, discrètes ou continues, ont été conçues depuis quelques années. La première génération propose des transformations dites «fixes». En effet, ces transformées analysent identiquement toutes les images. On peut citer notamment les transformations suivantes :

La transformée *ridgelette* (*ridgelet transform*) définit une transformée en ondelettes 1D selon une direction [9]. Elle peut traiter plusieurs orientations en faisant varier l'angle d'orientation, d'autre part elle peut représenter un contour rectiligne avec moins de coefficients, un seul dans le cas idéal d'un contour parfaitement rectiligne. Cependant, on trouve rarement de tels contours dans une image naturelle. A partir de là, une autre transformation a été définie comme une transformée ridgelette par bloc appliquée sur une décomposition en sous-bandes de l'image originale [10], c'est la transformée « *curvelette* » (*curvelet transform*). Une construction différente et plus générale, reposant sur la théorie des frames, est présentée dans [11].

La transformée en contourlettes (*contourlet transform*), conçue directement dans le domaine discret, a été proposée dans [12], [13]. Cette transformée repose sur une pyramide laplacienne pour l'analyse multi-résolution [14], ensuite elle utilise des filtres en éventails itérés pour l'analyse directionnelle [15]. Elle apporte une analyse similaire à la transformée en curvelets, tout en ayant l'avantage d'être très peu redondante et moins complexe [16]. D'autres transformations existent dans la littérature comme les ondelettes complexes [17], la transformée cortex [18] et la pyramide orientable [19].

Ces nouvelles techniques permettent de prendre en compte différentes orientations et définissent un support d'ondelettes anisotrope. Cependant, ces améliorations se font souvent au détriment des acquis des ondelettes, en particulier de la décimation critique.

Une autre classe de transformations géométriques adaptatives utilise une base adaptée aux contours de l'image. Parmi celles-ci, on peut citer l'algorithme de « matching pursuit » [20] qui consiste à rechercher successivement un sous-ensemble de vecteurs issus d'un dictionnaire structuré et dont la combinaison linéaire représente au mieux le signal.

Les paquets d'ondelettes [21], décomposent l'image sur la base offrant le meilleur compromis débit-distorsion qui est sélectionnée par optimisation. Un partitionnement adaptatif du plan fréquentiel offrant plus de flexibilité que les paquets d'ondelettes, en s'affranchissant de la contrainte de séparabilité, est donnée par la transformée en brushlets qui a été proposée par Meyer et Coifman dans [22].

LePennec a proposé dans [23] la transformation en bandelettes, qui repose sur un modèle géométrique explicite de l'image pour effectuer une analyse orientée le long des contours. La recherche de meilleures bases pour la représentation de l'image a donné lieu à plusieurs transformations comme les beamlets [24], les wedglets [25] et les directionlets [26].

Nous nous intéresserons dans notre travail aux transformations non-adaptatives pour la compression des images naturelles possédant des structures géométriques directionnelles comme les contours et les textures. Dans ce contexte, nous avons proposé un algorithme de compression utilisant une transformation hybride DCT – DWT (transformation en cosinus discrète – transformation en ondelettes discrète). Cette méthode décompose l'image en sous bandes multi-résolution basée sur la transformation en cosinus discrète (DCT), tandis que l'approximation obtenue sera transformée par ondelettes discrètes (DWT). Donc, dans cette méthode hybride DCT – DWT, la transformée en ondelettes pour les échelles les plus fines a été remplacée par une transformée en cosinus discrète en sous bandes. Quand à la transformée en ondelettes elle est utilisée dans une deuxième étape de transformation pour les échelles grossières. Les coefficients obtenus sont ensuite codés par l'un des algorithmes les plus connus dans le domaine de la compression d'image : l'algorithme SPIHT (*Set Partitioning In Hierarchical Trees*) [27]. Ce dernier offre une compression progressive de l'image et produit un code binaire emboité. L'algorithme SPIHT transmis, à chaque plan de bits, les bits les plus significatifs (MSB) des coefficients significatifs par rapport au seuil correspond à ce plan de bits.

Dans une deuxième étape de notre travail, une version améliorée de l'algorithme de codage SPIHT a été proposée. En se basant sur l'estimation des résidus des coefficients codés, la valeur moyenne est calculée, ensuite codée et placée à la fin du code binaire produit par l'algorithme de codage SPIHT. Pendant la décompression de l'image, l'algorithme de décodage SPIHT utilise la valeur moyenne déjà codée pour l'ajustement des coefficients reconstitués. Cette opération permet de réduire l'erreur de reconstruction de chaque coefficient et ainsi la distorsion totale de l'image.

Cette thèse est alors organisée de la façon suivante : nous commencerons tout d'abord, dans le premier chapitre, par rappeler succinctement les généralités et les fondements de base de la compression des images numériques. Nous poursuivrons, en présentant dans le second chapitre, un état de l'art sur les techniques de compression par transformées. Nous insistons plus particulièrement sur les limitations des ondelettes. Nous abordons quelques techniques de transformations géométriques récentes avec certaines méthodes de codage des sous-bandes.

Nos contributions seront exposées à travers le troisième et quatrième chapitres. Nous proposerons tout d'abord dans le troisième chapitre une transformation en cosinus discrète sous-bandes qui offre une représentation multi-résolution de l'image. Après avoir présenté cette transformée, nous la combinerons avec une transformée en ondelettes séparables pour obtenir un schéma hybride DCT – DWT pour l'étape de transformation de l'image.

Nous présenterons ensuite dans le quatrième chapitre une version modifiée de l'algorithme SPIHT. Cette modification est basée sur l'estimation de l'erreur de codage des coefficients significatifs et l'amélioration de la qualité des images reconstruites en utilisant cette valeur estimée pour l'ajustement des coefficients significatifs reconstruits. Nous appliquerons cette transformée hybride, avec le codage SPIHT modifié, pour la compression d'un ensemble d'images. Les résultats obtenus seront présentés et discutés dans le même chapitre. Enfin, nous clôturons cette thèse par des conclusions et des perspectives.

Chapitre 1

Généralités sur la compression d'images

1. Introduction

La révolution numérique a eu parmi ses conséquences l'inondation de notre quotidien par des images digitales de toutes sortes et pour diverses applications. Quand il faut les archiver ou les transmettre, les premiers obstacles que l'on rencontre sont le volume des données ou le débit limité des canaux de transmission. La compression est donc une solution inévitable pour toutes ces données très volumineuses et encombrantes. Cependant, cette compression s'accompagne toujours d'une sorte de dégradation. D'autant plus que cette altération des données et des images compressées augmente lorsque nous désirons atteindre des taux de compression plus élevé. La problématique de la compression en imagerie numérique est bien entendu trouver le meilleur compromis Débit/distorsion [1].

2. Objectifs

Malgré les nombreux avantages de la représentation numérique des signaux par rapport au cas analogique, un problème pertinent reste toujours posé à savoir la nécessité d'un très grand nombre de bits pour le stockage et la transmission. Par exemple, une image couleur de résolution moyenne, en l'occurrence 1024×1024 pixels, occupe 3 145 728 octets. Quand à la taille mémoire pour le stockage de la vidéo dans la télévision haute définition (TVHD), de la résolution 1280×720 à 60 images par seconde, est de 158 méga-octets pour une seconde. Une vidéo en couleur d'une heure de qualité TVHD aura donc besoin d'environ 560 giga-octets de stockage. La transmission de ces signaux numériques, dans leurs formes originales, à travers des canaux de communication à bande passante limitée, reste encore un grand défi à relever et qui est parfois impossible à surmonter. Bien que le coût du stockage ait diminué considérablement au cours de la dernière décennie en raison de l'avancement significatif dans la microélectronique et des technologies de stockage, les obligations de stockage, tels que dans les téléphones mobiles et les caméras numériques, et les applications sur les traitements des images connaissent une croissance explosive qui dépasse ces progrès.

A cause des méthodes de compression de plus en plus performantes nous pouvons recevoir de très bonnes qualités audio-visuelles gratuites de l'autre côté du globe à travers les canaux de télécommunications. Aussi, à cause des progrès significatifs dans les algorithmes de compression d'images, une bande passante de télévision de 6 MHz de largeur de diffusion peut transporter simultanément plusieurs signaux TVHD avec une meilleure qualité audio-visuelle et une résolution améliorée. En raison de la réduction de débit de données offertes par les techniques de compression, les réseaux informatiques et l'utilisation d'internet devient de plus en plus conviviale aux images et graphiques. En bref, les hautes performances des méthodes de compression ont créé de nouvelles opportunités pour des applications créatives telles que les bibliothèques électroniques, la vidéo-téléconférence, la télémédecine et les jeux de PC.

La compression d'images conduit à plus d'applications multimédias avec un coût réduit. Elle est donc utilisée pour diverses applications et par une population plus large [2].

3. Définition

Dans une image numérique, la redondance existe lorsque les pixels adjacents de l'image sont statistiquement dépendants et/ou lorsque les amplitudes de ces pixels ne se produisent pas avec la même probabilité.

La compression d'image est une technique basée essentiellement sur l'exploitation de cette redondance, appelée redondance spatiale ou intra-image, afin de diminuer sa taille sans pour autant l'altérer. La réduction des besoins de stockage est équivalente à l'augmentation des capacités des supports de stockage et ainsi la bande passante des systèmes de communication. Par conséquent, le développement des techniques de compression efficaces continueront d'être une conception défi pour les systèmes de communication et les futures applications multimédia avancées.

4. Type des méthodes de compression

Nous pouvons décrire la compression comme un système dont l'entrée est une image I originale sans compression et produit à sa sortie une courte représentation de cette image, que l'on note $C(I)$, avec un plus petit nombre de bits. Le processus inverse est appelé décompression qui prend l'image compressée $C(I)$ et reconstruit l'image originale. Parfois, les systèmes de compression (codage) et de décompression (décodage) ensemble sont appelés "*Codec*". Suivant la qualité de sortie de ces systèmes en distingue deux types de méthodes de compression.

4.1. Compression sans pertes

Quand on parle de compression, on fait référence fondamentalement à une compression sans perte (*Lossless Compression*), dont le résultat après décompression est complètement équivalent à l'original (*compression réversible*). Ces méthodes de compression sont utilisées pour les données informatiques dont l'exactitude est décisive (Exemple : données textuelles, programmes, images médicales...). Normalement, les facteurs de compression accomplis par ces algorithmes n'aboutissent qu'à des valeurs faibles.

4.2. Compression avec pertes

Par opposition à la compression sans pertes, la compression avec pertes (*Lossy Compression*) se distingue par l'élimination de quelques informations, ce qui permet d'avoir de meilleurs taux de compression. Le résultat doit être le plus proche possible des données originales. Etant donné que ce type de compression supprime certaines informations contenues dans les données à compresser, on parle généralement de méthodes de compression irréversibles.

5. Mesures de performances des méthodes de compression

Comme tout autre système, les mesures de performances d'un algorithme de compression d'images sont des critères importants pour la sélection et l'évaluation d'un algorithme. Les performances des algorithmes de compression peuvent être vues suivant plusieurs perspectives, dépendant des besoins d'applications ; quantité de compression achevée, qualité objective et subjective des images reconstruites, complexité relative de l'algorithme, vitesse d'exécution, etc.

5.1. Rapport de compression et débit

Le *rapport de compression* (*RC*) est la mesure de performance la plus populaire pour un algorithme de compression. Il est défini comme le rapport de nombre des bits nécessaires pour représenter les données originales au nombre de bits dans les données compressées. Considérons une image en niveaux de gris 256x256 pixels, si chaque pixel est représenté sur 8 bits, elle aura besoin de 65536 octets pour son stockage. Si la version compressée de l'image nécessite seulement 4096 octets, alors le rapport de compression achevé par cet algorithme est de 16 :1.

$$RC = \frac{nombre\ de\ bits\ dans\ l'image\ originale}{nombre\ de\ bits\ retenus} \tag{1.1}$$

Une autre variation du rapport de compression est le débit en bits par échantillon (*bits per points* ou *bits per pixels*). Cette mesure indique le nombre moyen des bits pour représenter un seule point ou pixel de l'image. Alors, pour l'exemple précédent, on peut dire que l'algorithme atteint un débit de 0.5 bits per pixel (*bpp*). Par conséquent, ce débit peut être mesuré par le rapport du nombre de bits d'un pixel de l'image non compressée sur le rapport de compression.

$$Débit\ (bpp) = \frac{nombre\ de\ bits\ d'un\ pixel}{RC} \tag{1.2}$$

Le rapport de compression que l'on peut atteindre par une méthode de compression sans perte est totalement dépendant de l'image d'entrée. Si le même algorithme est appliqué sur des images distinctes, l'algorithme va rendre des rapports de compression différents. Le rapport de compression maximum est limité par l'entropie de l'image suivant le théorème de Shannon. Par exemple, il est difficile d'atteindre un rapport de compression pour une image dont les pixels sont principalement aléatoires [2].

5.2. Mesures de qualités

Les mesures de qualité ou mesures de distorsion ne sont pas pertinents dans le cas de la compression sans pertes. La mesure de qualité est importante pour les algorithmes de compression avec pertes d'image, de la vidéo, de la voix, etc., compte tenu que les données reconstruites sont différentes par rapport aux données originales et le système perceptuel humain est l'appréciateur essentiel de la qualité des données reconstruites. S'il n y'a pas une différence perceptible entre l'image reconstruite et l'image originale, on peut affirmer que l'algorithme atteint une bonne qualité. La différence entre l'image originale est celle reconstruite est appelée distorsion. La mesure de qualités peut être très subjective, en se basant sur la perception humaine, ou objective en utilisant des formules mathématiques ou statistiques.

Bien qu'il n'existe pas une seule mesure universellement acceptable pour les mesures de distorsion, ils existent pratiquement plusieurs mesures de qualité objectives et subjectives pour évaluer la qualité d'un algorithme de compression.

5.1.1. Mesures objectives

Il n'existe plus une seule mesure pour la qualité objective des algorithmes de compression d'images. Les mesures de qualité objectives les plus connues sont : la racine carrée de l'erreur quadratique moyenne (*RMSE : root-mean-squared error*), rapport signal à bruit (*SNR : signal-to-noise ratio*) et le pic du rapport signal à bruit (*PSNR : peak-signal-to-noise ratio*).

Ces critères qui correspondent à l'analyse numérique des valeurs des pixels avant et après compression sont très généraux et ne vont pas toujours refléter la qualité réelle de l'image reconstruite. Soit I une image de dimension M×N et $\hat{I}$ l'image reconstruite correspondante après décompression, l'erreur *RMSE* est calculée par la formule suivante :

$$RMSE = \sqrt{\frac{1}{MN}\sum_{i=1}^{M}\sum_{j=1}^{N}\left[I\left(i,j\right)-\hat{I}\left(i,j\right)\right]^2}$$

(1.3)

Avec i et j représente la position du pixel dans l'image.

14

La mesure du *SNR* en décibel (*db*) est calculée par l'expression suivante :

$$SNR = 10log_{10}\left(\frac{\sum_{i=1}^{M}\sum_{j=1}^{N} I^2(i,j)}{\sum_{i=1}^{M}\sum_{j=1}^{N}\left[I(i,j)-\hat{I}(i,j)\right]^2}\right) \qquad (1.4)$$

Pour les images 8-bits, le *PSNR* est calculé par l'expression suivante :

$$PSNR = 20log_{10}\left(\frac{255}{RMSE}\right) \qquad (1.5)$$

Il faut noter qu'une valeur faible du *RMSE* (en équivalent, haute valeur de *SNR* ou *PSNR*) n'indique pas nécessairement une bonne qualité subjective. Ces mesures objectives de l'erreur ne corrèlent pas bien avec les mesures de qualité subjectives. Il y a plusieurs cas ou le *PSNR* d'une image reconstruite peut être raisonnablement haut, mais la qualité subjective est mauvaise pour un observateur humain.

Ces mesures sont globales ; elles ne permettent, en aucun cas, de localiser une erreur dans l'image. Elles donnent une appréciation de la qualité entière de l'image et sont utilisées essentiellement pour comparer les méthodes ou les taux de compression. Elles sont simples d'utilisation et entrent également dans les processus d'optimisation des algorithmes de compression pour lesquels on cherche bien entendu à minimiser les dégradations totales à un rapport de compression fixé.

Notant qu'il y a d'autres mesures de performances telles que le temps de codage surtout pour les applications interactives et la complexité de l'algorithmique pour des utilisations dans des systèmes embarqués handicapés, entre autres, par la consommation énergétique.

5.1.2. Mesures subjectives

Souvent, la métrique de qualité subjective est définie par le score moyen des observateurs (MOS : *Mean Observers Score*). Parfois, elle est aussi appelée Score moyen d'opinions. Il y a différentes méthodes statistiques pour le calculer. A titre d'exemple et parmi les plus simples, un nombre d'observateurs, statistiquement significatif, aléatoirement choisis pour évaluer la qualité visuelle des images

15

reconstruites. Toutes les images sont compressées et décompressées par le même algorithme, chaque observateur attribue un score numérique à chaque image reconstituée qui reflète sa perception sur la qualité de l'image.

La moyenne des notes attribuées par tous les observateurs à l'image reconstruite est appelé le score moyen d'observateur et il peut être considéré comme une métrique viable subjective si tous les observateurs évaluent les images sous les mêmes conditions de visualisation.

Les techniques de mesure de cette métrique pourraient bien être différentes pour différents types de données perceptives. La méthodologie pour évaluer la qualité subjective d'une image fixe peut être totalement différente pour la vidéo ou la voix, mais elle est calculée en fonction de la qualité perçue des données reconstruites par un nombre, statistiquement significatif, d'observateurs humains [2].

6. Théorie de l'information et codage entropique

6.1. Introduction à la théorie de l'information

Soit une source Y, la sortie de cette source prend ses valeurs dans un ensemble fini de L éléments :

$$Y = y_i, \text{ et } i = 1, 2, ; L$$

Chaque sortie de la source peut être représentée au moyen d'un mot, le plus souvent au format binaire, choisi parmi les L niveaux de sortie. Par exemple, il est ainsi possible de coder l'indice i lui-même de la valeur y_i, ce qui conduit à des mots de code de longueur identique [27]. La sortie Y peut être vue comme une source d'information à valeurs discrètes. Cette source est dite sans mémoire si les sorties sont statistiquement indépendantes. L'évaluation de l'information qu'apporte la réalisation d'un événement $Y = y_i$ repose sur les deux principes suivants :

- L'information est dépendante de la probabilité de cet événement (un événement rare apporte plus d'information) ;

- Deux événements indépendants ont une mesure globale d'information égale à la somme des mesures de chacun d'entre eux ;

16

Sur ces bases, on définit une mesure de l'information selon :

$$I\left(p\left\{Y(k)=y_i\right\}\right)=\log_2\frac{1}{P_i}=-\log_2 P_i \tag{1.6}$$

$$I\left(p\left\{Y(k)=y_i\right\}\ \&\ p\left\{Y(l)=y_j\right\}\right)=-\log_2(P_i\cdot P_j)=-\left[\log_2 P_i+\log_2 P_j\right] \tag{1.7}$$

La quantité d'information qu'apporte, en moyenne, une réalisation de Y, est donnée par l'entropie d'ordre zéro de la source, soit :

$$H=E\left\{-\log_2 P_i\right\}=-\sum_{i=1}^{L}P_i\log_2 P_i \tag{1.8}$$

où P_i est la probabilité d'occurrence de la sortie y_i de la source.

$$P_i=p\left\{Y=y_i\right\}=\int_{x_{i-1}}^{x_i}p_x(x)dx \tag{1.9}$$

6.2. Codage d'une source discrète sans mémoire

Le codage entropique repose sur une procédure de codage à longueur variable, qui assigne des mots de longueurs variables aux valeurs possibles y_i, telle que les valeurs hautement probables soient associées à des mots courts du code, et vice-versa. Ceci permet donc en principe de réduire la longueur moyenne des mots du code [3].

L'importance de l'entropie H vient du théorème du codage sans bruit d'une source discrète sans mémoire :

Pour toute source discrète sans mémoire Y, il existe un code instantané et uniquement décodable représentant exactement cette source, vérifiant :

$$H\leq\overline{b}<H+1 \tag{1.10}$$

Où $\overline{b}$ est le débit moyen, c'est-à-dire la longueur moyenne des mots du code.

Un code instantané est un code tel que chacun des mots codés peut être décodé indépendamment des autres mots, c'est-à-dire dès que le dernier bit du mot considéré est reçu.

Un code uniquement décodable signifie que, recevant une séquence de mots du code, la source peut être reconstituée sans ambiguïté.

Ce théorème signifie que, parmi tous les codes instantanés uniquement décodables, celui qui minimise la longueur moyenne des mots du code a une longueur moyenne égale à l'entropie de la source. L'entropie H apparaît donc comme une limite fondamentale pour représenter sans distorsion une source d'information.

Le codage entropique est une technique qui permet de réaliser ce taux de transmission idéal. Si le codage entropique est parfaitement réalisé, le taux de transmission à la sortie du quantificateur à L niveaux peut être réduit de :

$$\Delta b = \log_2 L - H \qquad (1.11)$$

avec Δb représente donc la redondance de la source discrète.

Il est toutefois évident qu'aucune réduction n'est possible si toutes les valeurs y_i sont équiprobables. En effet, on a alors $P_i = \dfrac{1}{L}$, et donc de $(1.8), H = \log_2 L$.

6.2.1. Taux de transmission moyen :

Soit un mot du code de b_i bits associé au niveau y_i. La valeur de b_i peut être inférieure, égal, ou supérieure à $\log_2 L$. La longueur moyenne des mots du code définit également le taux de transmission moyen, et donc :

$$\overline{b} = \sum_{i=1}^{L} P_i b_i \quad \text{bits/échantillon} \qquad (1.12)$$

La réduction alors obtenue vaut : $\log_2 L - \overline{b}$ bits/échantillon

Le code optimal est obtenu pour :

$$b_i = -\log_2 P_i \qquad (1.13)$$

Comme b_i est entier, le code optimal ne peut être obtenu que si les probabilités satisferont la contrainte $P_i = 2^{-b_i}$. Dans tous les autres cas, le taux de transmission moyen $\overline{b}$, résultant du codage entropique, sera légèrement supérieur à H.

6.3. Codage d'une source discrète avec mémoire

Lorsqu'il existe une dépendance statistique entre les échantillons successifs de la source, on peut chercher à l'exploiter afin de réduire encore le nombre de bits nécessaires pour représenter exactement la source. Toutefois, le codage entropique devient alors assez complexe, car de longues séquences doivent être traitées, et les probabilités conjointes connues ou estimées par calcul. En pratique, il est possible d'éliminer les redondances linéaires de la source en effectuant une transformation ou une prédiction. Les sorties sont alors non corrélées et le taux de transmission minimum est donc toujours théoriquement donné par l'entropie H.

La méthode linéaire optimale de décorrélation est l'analyse en composantes principales (ACP). Cette méthode implique toutefois trop de calculs et s'avère inexploitable en pratique.

7. Classification des méthodes de compression des images

7.1. Codage de type dictionnaire

En 1977, Lempel et Ziv propose un algorithme de codage universel [4]. Cet algorithme permet automatiquement de décoder une suite de n symboles issues d'une même source X avec une longueur moyenne qui tend vers la longueur optimale $\hat{H}(X) = \lim_{n \to \infty} \frac{1}{n} H(X^n)$ sous une simple hypothèse de stationnarité de la source. On assure ainsi l'optimalité asymptotique de la longueur moyenne du code sans la connaissance de la loi de la source.

L'algorithme proposé par Lempel et Ziv (LZ77), comme ses nombreuses variantes (LZ78, LZW,...), est l'un des plus simples à programmer. Le principe de ces méthodes est de parcourir la chaîne de symbole set de coder les nouvelles occurrences des sous-chaînes déjà observées par une simple référence à l'occurrence précédente.

Le terme de codage, de type dictionnaire, provient de l'implémentation dans laquelle un dictionnaire de sous-chaines est construit au fur et à mesure du parcours de la chaîne. Sans mentionner toute la littérature existante sur le sujet, il suffit de noter que c'est la famille utilisée dans les algorithmes de compression de données de type ZIP (ou ARJ) pour en mesurer le succès.

L'algorithme de compression d'image GIF est basé sur cette technique, plus précisément sur la variante LZW, proposée par Welsh [5] en 1984. En 1987, Compuserve, le leader du moment des fournisseurs d'accès au réseau, introduit ce format afin d'accélérer la transmission des images sur celui-ci. Pour comprimer une image, il suffit de réordonner la matrice des pixels en une liste de valeurs et de comprimer cette liste à l'aide de l'algorithme LZW. Cette technique simple est suffisante pour obtenir un taux de compression de l'ordre de 2 et donc de réduire de moitié le temps de transmission [6].

7.2. Codage par prédiction

Le taux de compression obtenu à l'aide d'un algorithme de compression universel n'est optimal qu'asymptotiquement et, bien qu'il soit impossible de franchir la barrière de $(\log_2 N) / \hat{H}(x)$ il est possible d'accélérer la convergence vers celle-ci.

Les méthodes prédictives proposent de transformer de manière réversible les chaînes de symboles en des chaînes plus simples pour l'algorithme de compression. Il s'agit d'aider celui-ci en introduisant un modèle permettant de prédire chaque symbole apparaissant dans la chaîne en fonction des symboles précédents et de coder à l'aide de l'algorithme de codage universel l'erreur de prédiction au lieu du symbole lui-même.

Ceci suppose que les symboles possèdent une interprétation, ce qui est le cas pour les images. Il n'est donc pas étonnant que, en 1995, lorsque l'algorithme PNG, conçu comme une alternative non encombrée par des brevets de GIF, a été proposé, cette prédiction ait été ajoutée. Les modèles proposés utilisent des prédictions linéaires de l'intensité lumineuse en fonction de celle des voisins déjà connus. Les erreurs de prédictions sont alors codées par une autre variante de l'algorithme LZ77, c'est l'algorithme "deflate". L'amélioration de performances est notable puisque l'on peut atteindre des taux de l'ordre de 3 avec l'algorithme PNG [6].

7.3. Codage statistique

Les techniques de codage universel ne font pas intervenir la distribution de probabilité de la source mais s'y adaptent asymptotiquement. A l'opposé, si l'on connaît cette distribution, on peut construire un code quasi optimal. Deux algorithmes se disputent la prédominance pour ces codages dits statistiques : le plus ancien, l'algorithme de Huffman [7], est simple et efficace mais il est moins performant que l'algorithme de compression arithmétique [8], dont la complexité est plus grande. Le choix entre ces deux algorithmes se fait suivant les contraintes de performance et de complexité.

La voie de la modélisation statistique est une voie intermédiaire. Elle remplace la distribution inconnue par un modèle connu et utilise cette nouvelle distribution pour coder les symboles à l'aide d'un algorithme de codage statistique.

Si le modèle n'est pas trop éloigné de la réalité, il permet de compresser les données efficacement sans avoir recours à un comportement asymptotique.

Les modèles utilisés varient en complexité : les modèles les plus simples font l'hypothèse que tous les éléments de la chaîne sont indépendants et identiquement distribués tandis que les modèles les plus complexes conditionnent le choix de la distribution de probabilités pour un nouveau symbole à tous ceux déjà codés dans le passé.

Les meilleurs résultats de compression sans perte sont obtenus avec des modèles contextuels de type chaîne de Markov où la loi utilisée dépend du voisinage et est apprise au fur et à mesure du parcours de l'image. Ces modèles permettent des taux de compression dépassant 4 au prix d'un algorithme complexe et lent [6].

7.4. Compression par transformées

Les méthodes de transformations agissent, non pas dans le domaine spatial sur l'image numérique, mais dans le domaine transformé sur une transformée de l'image originale. Après avoir calculé la transformation l'image d'entrée on obtient les coefficients transformés. Ensuite, il faut quantifier les coefficients espérant qu'ils nécessitent moins de bits par coefficient que l'image originale.

La compression de l'image consiste à négliger les coefficients les moins significatifs, tout en garantissant une qualité acceptable de l'image reconstruite par transformation inverse. Si les coefficients dont l'amplitude est en dessous d'un certain seuil sont éliminés, il faut indiquer également leur adresse ou celle des coefficients retenus.

Dans certains cas, selon la transformation et l'image, les coefficients que l'on peut négliger se trouvent dans des régions bien définies du domaine transformé. On peut alors éviter l'indication des adresses des coefficients retenus ou éliminés [9].

7.5. Compression fractale

Contrairement aux autres techniques de compression habituelles, la compression fractale ne tente pas de réduire le nombre de couleurs (format GIF) ou de compresser de manière classique les octets composant l'image. Le principe est de remplacer l'image par des formules mathématiques.

La compression fractale a pour principe qu'une image n'est qu'un ensemble de motifs identiques en nombre limité, auxquels on applique des transformations géométriques (rotations, symétries, agrandissements, réductions). Evidemment, plus l'image possède cette propriété, meilleur sera le résultat.

Comme pour le format JPEG, l'image est découpée en blocs de pixel, mais ils sont ici de tailles variables. Il faut ensuite détecter les redondances entre ces blocs à diverses résolutions. On parle de transformations fractales basées sur un opérateur contractant. Ces transformations décrivent l'image de plus en plus finement. A la fin de ce processus, on ne stocke pas le contenu d'un bloc autant de fois qu'il a été "vu" dans l'image mais seulement les équations mathématiques permettant de représenter le contenu de ces blocs.

Au final on obtient une structure présentant des caractéristiques similaires à des échelles différentes. Pour retrouver l'image il suffira de décrire les transformations qui ont été appliquées aux blocs initiaux. Ce processus rend la compression indépendante de la taille de l'image. De plus, l'image produite est vectorisée et ne subit pas les effets de la pixellisation, contrairement au JPEG. Ce phénomène est surtout visible lors d'un zoom par exemple, l'image fractale peut devenir floue mais ne pixélise pas. Ceci est dû au fait que lors de l'agrandissement, ce ne sont pas les pixels qui sont élargis, mais toute l'image qui est recalculée mathématiquement.

Le problème lié à cette technique est la lenteur du procédé de compression, de l'ordre de 50 fois plus lent que pour une image JPEG. La décompression quant à elle est aussi rapide que pour les autres formats [10].

8. Conclusion

Dans ce chapitre nous avons fait un tour d'horizons, d'une manière très succincte, sur les méthodes de compression les plus utilisées. Nous avons, bien évidemment, noté clairement qu'il s'agit souvent de deux familles de méthodes de compression à savoir les techniques de compression sans pertes et avec pertes. La première famille est dite réversible dans le sens ou les données décompressées sont tout à fait identiques aux données originales. Tandis que la deuxième famille de méthodes elle admet une certaines perte d'information, jugée non significative, au détriment d'un taux de compression élevé. Les méthodes de la seconde famille, qui nous intéressent plus particulièrement, sont souvent évaluées en fonction du rapport débit/distorsion. En effet, si on arrive à obtenir des taux de compression élevés cela signifie que l'on atteint des débits élevés. Seulement, au prix d'une certaine altération qui doit être la plus faible possible. Nous avons également rappelé qu'il existe bien d'autres critères d'évaluation de ces techniques et qui peuvent, dans certains cas, donner l'impression qu'ils sont contradictoires.

Chapitre 2

Etat de l'art
sur les méthodes de compression par transformations

1. Schéma générale de compression par transformations

Les systèmes de compression d'image les plus performants à l'heure actuelle reposent sur trois étapes de traitement (Figure 2.1).Souvent ces systèmes débutent par une réorganisation du contenu de l'image, afin de séparer les composantes importantes des composantes contenant peu d'information. Cette tâche est remplie par une transformation mathématique et elle est suivie par une quantification qui dégrade de manière irréversible l'image. La dernière étape de ces systèmes est un codage entropique (sans perte) qui produit le flux binaire représentant les données compressées.

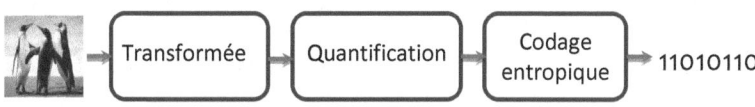

Figure 2.1. Système de compression par transformée

1.1. Etape 1 : transformation de l'image

Le but de la transformée dans un schéma de compression est double. En effet, en plus de réorganiser l'information, elle doit représenter les composantes importantes d'une image avec le moins de valeurs possibles : c'est ce que l'on appelle une représentation creuse de l'image ou, de manière équivalente, compactage de l'énergie.

Une image est constituée le plus souvent de contours et de textures : ce sont ces structures qu'il faut privilégier. En particulier, ce sont les contours qui rendent possibles, la plupart du temps, l'interprétation d'une image naturelle. Si l'on considère une image à niveaux de gris comme une fonction de deux variables, les contours et les textures correspondent à des variations brutales, voire à des discontinuités [35]. Les recherches menées en compression d'images sur la détermination de transformations performantes qui ont pour but d'isoler et de caractériser de manière concise les contours et les textures.

Le but d'une transformation est de projeter le signal sur une base de fonctions dont les propriétés sont adaptées à la nature et aux caractéristiques du signal que l'on désire analyser. Cette projection est généralement orthogonale [36].

1.2. Etape 2 : quantification

Dans le schéma de compression, l'étape de quantification est celle qui dégrade de manière irréversible le signal. Elle est cependant d'une importance capitale dans la réduction du débit binaire. La quantification est une opération qui transforme l'image d'entrée à l'aide d'un ensemble de valeurs appelé dictionnaire. Ce passage peut s'effectuer soit :

- échantillon par échantillon : dans ce cas on parlera de quantification scalaire (QS),
- ou bloc par bloc : c'est ce que l'on appelle la quantification vectorielle (QV).

1.3. Etape 3 : codage entropique

Le codage entropique est utilisé dans une chaîne de compression sans perte, directement sur l'image de départ, ou après une transformée en ondelettes. Il est également employé à la dernière étape de la chaîne de compression avec pertes (Figure 2.1) afin d'exploiter les redondances présentes à la sortie du quantificateur.

Les codes entropiques sont basés sur la génération de mots dont la longueur dépend de la probabilité d'apparition des symboles de la source qu'il représente (on parle également de codes à longueur variable) : un grand nombre de bits sera utilisé pour coder un symbole peu probable tandis qu'un symbole redondant sera codé sur très peu de bits. Ce code doit en outre être uniquement décodable.

Il existe de nombreuses méthodes permettant de générer un code entropique, parmi lesquels le célèbre code de Huffman. Cet algorithme admet cependant un inconvénient : il repose sur la connaissance complète de la source à coder (il existe cependant des versions adaptatives). D'autre part, il ne permet pas d'atteindre des débits inférieurs à 1 bit/échantillon.

Une autre approche du codage entropique, ne présentant pas l'inconvénient du codage d'Huffman, à savoir le codage arithmétique. La différence fondamentale entre les deux réside dans le fait que ce dernier codage, les symboles ne sont pas codés séparément. En effet, c'est l'ensemble du message à transmettre qui est construit au fur et à mesure du traitement des différents éléments de la source [36].

2. Transformation en cosinus discrète

La transformation en cosinus discrète, aussi appelée DCT (*discrete cosine transform*) est une transformation linéaire qui est proche de la transformation de Fourier discrète (DFT). Le noyau de projection utilisé pour la DFT est représenté par une exponentielle complexe (soit des bases de sinus et cosinus) alors que le noyau de projection de la DCT est simplement une base de cosinus. Les coefficients de la transformée ne sont donc pas complexes mais réels ce qui présente un avantage pour le codage et la quantification [37].

La DCT est liée à la transformation de Fourier discrète. Elle représente le résultat de l'application de la FFT à un vecteur y de $2n$ points créés avec une extension symétrique du vecteur initial x. Alors, les $2n$ coefficients de Fourier sont réels et symétriques par rapport à la fréquence zéro. Les n coefficients de la DCT sont alors les n premier coefficients de la transformation de Fourier.

2.1.   La DCT 1-D

La DCT d'une séquence $x(n)$; $n = 0,1,\ldots\ldots\ldots N - 1$ est définie par :

$$X(k) = \sqrt{\frac{2}{N}} c_k \sum_{n=0}^{N-1} x(n).\cos\frac{(2.n+1)k\,\pi}{2.N} \quad , \; k = 0,1,\ldots\ldots\ldots N-1. \tag{2.1}$$

27

et la transformation inverse est définie par :

$$x(n) = \sqrt{\frac{2}{N}} \cdot \sum_{k=0}^{N-1} c_k X(k) . \cos \frac{(2.n+1)k\pi}{2.N} \qquad (2.2)$$

$$\text{avec } c_k = \begin{cases} \dfrac{1}{\sqrt{2}}, & k = 0. \\ 1 \ , & \text{ailleurs}. \end{cases} \qquad (2.3)$$

La transformation en cosinus discrète DCT utilise une matrice de transformation fixe dont les vecteurs de base sont approximativement proches de la classe des matrices à laquelle appartient la KLT (Karhunen Loeve Transform) [38]. Elle approxime la KLT dans le cas d'une grande corrélation des signaux d'entrées. A cause de la nature fixe de cette matrice, elle n'est pas adaptée au signal d'entrée comme dans le cas de la KLT [39].

2.2. La DCT 2-D

La DCT bidimensionnelle est d'un grand intérêt pratique qui a déjà montré son efficacité. C'est une transformation très populaire pour le codage d'images, comme le montre son adoption par la norme internationale JPEG pour la compression les images fixes.

La DCT d'un bloc de dimension $(n \times n)$ est donnée par [40]:

$$F(u,v) = \frac{4.C(u).C(v)}{n^2} \sum_{j=0}^{n-1} \sum_{k=0}^{n-1} f(j,k).\cos\left[\frac{(2j+1)u\pi}{2n}\right].\cos\left[\frac{(2k+1)v\pi}{2n}\right] \qquad (2.4)$$

et la transformation inverse est donnée par :

$$f(j,k) = \sum_{u=0}^{n-1} \sum_{v=0}^{n-1} C(u).C(v).F(u,v).\cos\left[\frac{(2j+1)u\pi}{2n}\right].\cos\left[\frac{(2k+1)v\pi}{2n}\right] \qquad (2.5)$$

avec $C(\omega) = \begin{cases} \dfrac{1}{\sqrt{2}} & \text{si} \quad \omega = 0. \\ 1 & \text{si} \quad \omega = 1,......n-1. \end{cases}$

(2.6)

La matrice de transformation de la DCT peut être définie par la formule suivante :

$$A(n,k) = \sqrt{\frac{2}{N}} \cdot C(\omega) \cdot \cos\frac{(2.n+1)k\pi}{2.N} \tag{2.7}$$

et pour le cas 2-D, la transformation est réalisée d'une manière séparable par la relation :

$$F = AfA \tag{2.8}$$

3. Transformation en ondelettes discrète

La transformée en ondelettes d'un signal $x(t)$ peut être définie comme la projection sur la base des fonctions ondelettes.

$$TO(a,b) = \frac{1}{\sqrt{a}} \int_{-\infty}^{+\infty} x(t).\psi(\frac{t-b}{a})dt \text{ , avec } a,b \in \Re, \ a \neq 0 \tag{2.9}$$

$$TO(a,b) = \int_{-\infty}^{+\infty} x(t).\psi_{a,b}(t)dt \text{ , avec } \psi_{a,b}(t) = \frac{1}{\sqrt{a}}\psi(\frac{t-b}{a}) \tag{2.10}$$

Les coefficients d'ondelettes ($TO(a,b)$) dépendant de deux paramètres a et b : a étant le facteur d'échelle et b le facteur de translation. À l'échelle « a » le pas de translation est $\dfrac{b}{a}$.

Les fonctions $\psi_{a,b}(t)$ sont obtenues à partir de la dilatation et de la translation de la fonction ou ondelette mère $\psi(t)$. Les fonctions $\psi_{a,b}(t)$ sont par conséquent parfois appelées les ondelettes filles. Ces fonctions forment une base, c'est-à-dire que, si l'on note le produit scalaire entre deux fonctions x et h comme étant :

$$\langle x \mid h \rangle = \int x(t)h(t)dt \tag{2.11}$$

29

Alors on a :

$$\langle \psi_{a1,b1} \mid \psi_{a2,b2} \rangle = \delta_{a1,a2} . \delta_{b1,b2} \qquad (2.12)$$

3.1. Inversibilité

Tout comme la transformée de Fourier, la transformée en ondelettes est inversible.

$$x(t) = \frac{1}{C_\psi} \int_{-\infty}^{+\infty} \int_{-\infty}^{+\infty} \frac{1}{a^2} \langle x \mid \psi_{a,b} \rangle \; \psi_{a,b} \, da \, db \qquad (2.13)$$

$$\text{où } C_\psi = 2\pi \int_{-\infty}^{+\infty} |\hat{\psi}(\omega)|^2 \frac{d\omega}{\omega} \qquad (2.14)$$

avec $\hat{\psi}(\omega)$ la transformée de Fourier de $\psi(t)$.

3.2. Condition d'admissibilité

La fonction ondelette doit vérifier un certain nombre de propriétés. La première d'entre elles se nomme condition d'admissibilité.

Soit $\psi(t) \in L^2$, alors

$$\int_{-\infty}^{+\infty} \frac{|\hat{\psi}(\omega)|}{|\omega|} d\omega < \infty \qquad (2.15)$$

Cette condition permet d'analyser le signal, puis de le reconstruire sans perte d'information. La condition d'admissibilité implique en outre que la transformée de Fourier de l'ondelette à la fréquence du continu (pour $\omega = 0$) doit être nulle. Soit,

$$\hat{\psi}(\omega) \Big|_{\omega=0} = 0 \qquad (2.16)$$

Ceci implique en particulier deux conséquences importantes :

- La première est que les ondelettes doivent posséder un spectre de type passe-bande.

- La seconde apparaît en réécrivant l'équation (2.16) de façon équivalente sous la forme :

$$\int_{-\infty}^{+\infty} \psi(t)\,dt = 0 \qquad (2.17)$$

Cette équation montre que $\psi(t)$ doit être à moyenne nulle. L'ondelette $\psi(t)$ est donc une fonction à largeur temporelle finie possédant un caractère oscillatoire. On est donc bien en présence d'une petite onde ou *une ondelette* [41].

3.3. Implémentation par banc de filtres

Une méthode équivalente et plus efficace pour calculer la transformée en ondelette est de convoler le signal avec une paire de filtres miroirs en quadratures (QMF) convenablement choisis suivi par un sous-échantillonnage de facteur 2 ou décimation.

Les QMF qui décomposent ainsi le signal sont constitués d'un filtre passe-bas H_0 et un filtre passe-haut H_1. Ils divisent ainsi la bande passante du signal exactement en son milieu. Les coefficients sont recombinés pour synthétiser le signal $x(t)$ par la transformée en ondelette inverse. Elle est obtenus à l'aide d'une opération de sur-échantillonnage de facteur 2 suivie par la paire des filtres QMF G_0 et G_1 [42].

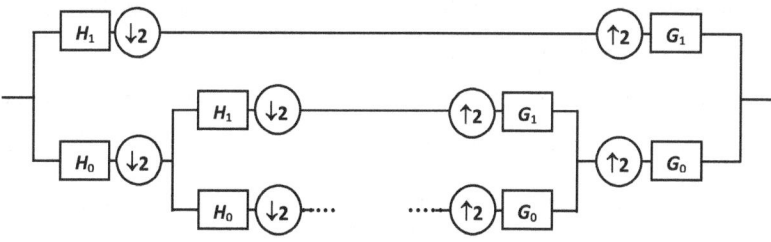

Figure 2.2. La transformation direct et inverse en ondelettes implémentée par l'application des filtres QMF en cascade, et des opérations de sous/sur échantillonnage.

La figure ci-dessus montre les opérations nécessaires pour la décomposition et la synthèse. Les réponses impulsionnelles des paires des filtres d'analyse et de synthèse sont reliées par les relations suivantes :

$$g_0(n) = (-1)^{n-1}.h_1(n-1) \tag{2.18}$$

$$g_1(n) = (-1)^n.h_0(n-1) \tag{2.19}$$

Pour le cas monodimensionnel (1D), les coefficients d'ondelettes à l'échelle $m+1$ sont calculés par application récursive de la transformée en ondelettes du signal passe bas à l'échelle m. Après k niveaux de décomposition on obtient k ensembles de coefficients hautes fréquences $C_{m,n}$ et une de bases fréquences, notée d_n [42].

Dans le cas bidimensionnel (2D), les coefficients d'ondelettes sont obtenus par application de la transformée en ondelettes (1D) sur les deux dimensions du signal à chaque niveaux de décomposition (lignes puis colonnes pour les images numériques). Alors, après k niveaux de décomposition on obtient $3k$ parties(sous bandes) de coefficients hauts fréquences ou détails (à chaque niveau trois détails sont obtenus ; horizontales, verticales et diagonales) et une partie de basses fréquences appelée approximation ou bande de base.

4. Limitations des ondelettes

Une approche courante pour analyser une image est de trouver une représentation compacte de son contenu. Pour obtenir une représentation efficace, il faut exploiter les sources de régularité qui existent dans l'image. Les outils classiques comme l'analyse de Fourier et l'analyse en ondelettes présentent des limitations quand à l'analyse de la régularité géométrique des images naturelles.

Les performances d'un algorithme de compression d'images par transformée sont contrôlées par la vitesse de décroissance de l'approximation non linéaire de l'image dans la base de transformation. L'erreur obtenue en ne conservant que les grands coefficients et en quantifiant les coefficients restants est en effet du même ordre de grandeur que celle obtenue sans la quantification. Cette décroissance dépend à la fois du signal considéré et de la base utilisée.

4.1. Meilleure approximation orthogonale

L'approximation d'une fonction $f \in L^2$ ou d'un vecteur f se calcule de façon simple dès lors que l'on dispose d'une base orthonormée $\{g_\mu\}_\mu$ de L^2. Il suffit en effet d'imposer un seuil $T > 0$ et de rejeter les coefficients de la décomposition de f dans la base B d'amplitudes inférieures à T.

$$f_M = \sum_{|\langle f, g_\mu \rangle|} \langle f, g_\mu \rangle g_\mu \text{ avec } M = Card\left\{ \mu \setminus |\langle f, g_\mu \rangle| > T \right\} \qquad (2.20)$$

où $\langle \cdot, \cdot \rangle$ est le produit scalaire canonique sur L^2.

La fonction f_M ainsi obtenue est la meilleure approximation de f avec M coefficients dans la base B. Cette approximation est non linéaire puisque les coefficients $\langle f, g_\mu \rangle$ pris en compte pour approcher f sont choisis en fonction de f. Pour obtenir une approximation efficace en norme L^2, il s'agit donc de trouver une base exploitant au mieux les propriétés de la classe de fonctions considérée.

Pour les fonctions uniformément régulières, la base de Fourier est optimale pour effectuer de telles approximations. Pour les fonctions de $L^2\left([0; 1]^2\right)$ ayant des discontinuités, les bases d'ondelettes permettent de pallier au problème de l'analyse de Fourier en exploitant pleinement l'adaptivité qu'autorise le choix des coefficients à garder [43].

4.2. Bases d'ondelettes 1D

Une base d'ondelettes B de $L^2([0; 1]^2)$ est obtenue en dilatant et translatant une fonction ψ. La fonction ψ possède principalement deux propriétés :

- Elle est oscillante. La fonction ψ a ainsi un nombre p suffisamment élevé de momentsnuls :

$$\forall k \leq p - 1, \quad \int_0^1 \psi(x) x^k dx = 0$$

- Elle a un support *compact*.

Ces deux propriétés font de la base d'ondelettes un outil efficace pour analyser les fonctions 1D ayant des singularités ponctuelles.

Pour les signaux monodimensionnels, la régularité est souvent mesurée par l'appartenance à la classe C^α des fonctions α fois dérivables et dont la dérivée d'ordre α est continue. On peut alors prouver que si la fonction est C^α par morceaux et que l'ondelette ψ a $p \geq \alpha$ moments nuls, alors la meilleure approximation f_M dans la base d'ondelettes M vérifié [43]:

$$\left\| f - f_M \right\|^2 \leq C \cdot M^{-2\alpha} \tag{2.21}$$

où « C » est une constante qui ne dépend que de f.

Cette décroissance asymptotique est optimale pour les fonctions régulières par morceaux [44]. Ainsi, en 1D, la base d'ondelettes fournit une représentation adaptative optimale des fonctions ayant un nombre fini de discontinuités.

4.3. Bases d'ondelettes 2D

On construit des bases d'ondelettes de $L^2([0; 1]^2)$ à l'aide de produits tensoriels des espaces d'ondelettes 1D. On peut encore décrire une telle base à l'aide de translation et dilatation mais en 2D, il faut considérer 3 fonctions d'ondelettes { ψ^H; ψ^V; ψ^D }, pour les directions horizontale, verticale et diagonale. Ces fonctions ont des supports carrés.

34

On peut interpréter l'ensemble de coefficients obtenus par décomposition en ondelettes comme une image f_j^k contenant les coefficients d'ondelettes de f pour chaque échelle j et orientation $k \in \{H, V, D\}$.

Pour une fonction f ayant une régularité géométrique C^α, la meilleure approximation f_M avec M coefficients dans une base d'ondelettes satisfait [43]:

$$\|f - f_M\|^2 \leq C \cdot M^{-1} \tag{2.22}$$

où « C » est une constante qui ne dépend que de f.

Les bases d'ondelettes, bien que plus efficaces que la base de Fourier, sont incapables de capturer la régularité géométrique des contours : les ondelettes qui touchent les bords donnent de grands coefficients et leur nombre important limite fortement la décroissance de l'erreur qui se comporte comme M^{-1} alors que la décroissance optimale est en $M^{-\alpha}$.

Les bases d'ondelettes orthogonales sont capables de résoudre un problème essentiellement 1D, celui de l'analyse des singularités ponctuelles. En 2D, le problème devient beaucoup plus complexe, à cause de la présence de singularités curvilignes. Les ondelettes classiques ne sont pas capables de représenter de telles singularités de façon efficace à cause de leur support carré.

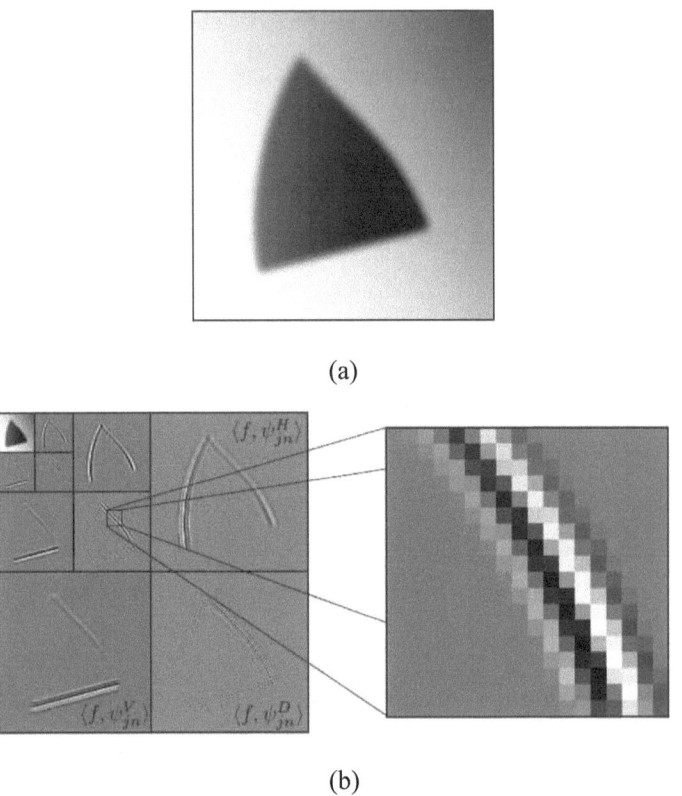

(a)

(b)

Figure 2.3. (a) Une image avec de la régularité géométrique (b) ses coefficients en ondelettes [43]

La figure 2.3 montre un exemple sur la décomposition d'une image qui contient une régularité géométrique. On voit que les coefficients d'ondelettes correspondant à cette géométrie suivant les différentes échelles sont très nombreux. Une décomposition qui prend en considérations la géométrie de l'image doit représenter les contours de l'image avec un nombre de coefficients moindre.

Finalement, on peut dire que les bases d'ondelettes leurs manquent deux propriétés importantes pour bien représenter les structures géométriques dans une image :

- *Orientation* de l'ondelette suivant plusieurs directions ;
- *Anisotropie de support* de l'ondelette.

Ces constatations permettent de mettre en évidence le fait que la transformée en ondelettes classique n'est efficace que sur des contours « bien orientés » c'est à dire purement horizontaux, verticaux ou « diagonaux ». L'information représentée par les contours d'orientation quelconque est très mal décorrélée car dans ce cas-là les singularités associées sont à la fois horizontales et verticales. De plus, même dans le cas d'une « bonne » orientation, ce sont des singularités ponctuelles plutôt que des contours qui sont détectées, à cause de la petite taille du support de la fonction d'échelle [45].

5. Transformations géométriques

Nous allons donc rappeler différentes transformations dont le but sera justement de prendre en charge les limitations des ondelettes. Nous allons voir qu'il existe plusieurs approches du problème. Elles ont toutes pour objectif de prendre en compte la géométrie (contours et textures) de l'image. Cette prise en compte se fait au travers de l'ensemble du dictionnaire de fonctions d'analyse. Nous verrons que certaines d'entre elles (les transformées adaptatives) s'accompagneront de méthodes de détection explicite de cette géométrie avant d'entreprendre la transformée en ondelettes.

Nous débutons notre description des transformées géométriques par les transformées basées sur un dictionnaire de fonctions défini indépendamment du contenu de l'image.

5.1. *Transformées géométriques non adaptatives*

Le principe des transformées en ondelettes à dictionnaire de fonctions d'analyse fixes, telle que la transformée en ondelettes séparable 2D, veut que l'on ne puisse pas changer les fonctions d'analyse de la transformée d'une image à l'autre. Il est bien entendu possible que suivant la taille de l'image, le nombre d'échelles disponibles et donc le nombre de versions translatées de l'ondelette mère utilisées varient.

37

Néanmoins, cette définition du dictionnaire des fonctions d'analyse ne dépend en rien du contenu des échantillons à l'inverse des transformées adaptatives[46]

5.1.1. Transformée ridgelet

La transformée ridgelet [47], [9] compte parmi les premières transformées en ondelettes géométriques. Elle correspond à la construction d'un dictionnaire de fonctions d'analyse s'appuyant sur la transformée de Radon : les fonctions d'analyse résultantes correspondent à la mise en valeur des ruptures linéaires dans l'image. En effet, la transformée de Radon produit un ensemble de projections selon des directions données : intégration selon des droites (voir Figure 2.4).

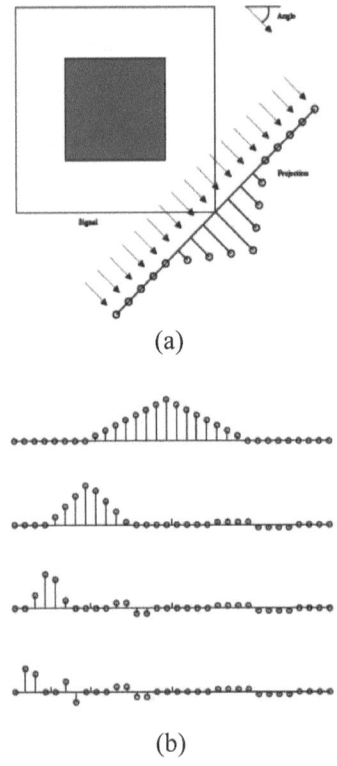

(a)

(b)

Figure 2.4: (a) Projection Radon. (b) Traitement des différentes projections par la transformée en ondelettes [46].

L'analyse par ridgelet revient à appliquer une transformée de Radon sur l'image traitée, puis à calculer une transformée en ondelettes sur chaque résultat de projection.L'intérêt de cette transformée est de permettre de concentrer efficacement l'énergie de l'image régulière par morceaux sur quelques coefficients tout comme dans la transformée en ondelettes. De plus, contrairement à la transformée en ondelettes, cette transformée permet de prendre en charge des ruptures 2D linéaires [46].

Afin de développer une approche numérique, plusieurs pistes ont été étudiées. Une application de la stratégie avec la transformée Fourier 2D et une interpolation est proposée par Starck et al. [48], une transformée Radon discrète est proposée par Do et al. [49] mais elle impose que la taille de l'image corresponde à un nombre premier.

5.1.2. Transformée curvelet

Afin d'améliorer l'adaptativité de la transformée aux singularités de l'image, une variante de cette transformée a été proposée : la transformée Curvelet. La transformée en curvelet [10], [48] correspond à l'association de différentes étapes : l'application de filtres passe-bandes, d'une segmentation dyadique de chaque bande de fréquence et de la transformée ridgelet sur chaque zone segmentée (schématisée par la Figure 2.5). La décomposition fréquentielle associée à la segmentation dyadique permet de conditionner les données pour la transformée ridgeletdans le but de décrire des singularités dont la taille et la forme du motif varient. Ces enrichissements de la description s'accompagnent d'une variabilité en position : position associée aux différentes zones dyadiques. L'intérêt de cette variante est de permettre la prise en charge de rupture dans le signal dont le motif est plus complexe que dans la transformée ridgelet, tout en gardant les avantages d'une meilleure adéquation entre les fonctions d'analyse et l'image décrite [46].

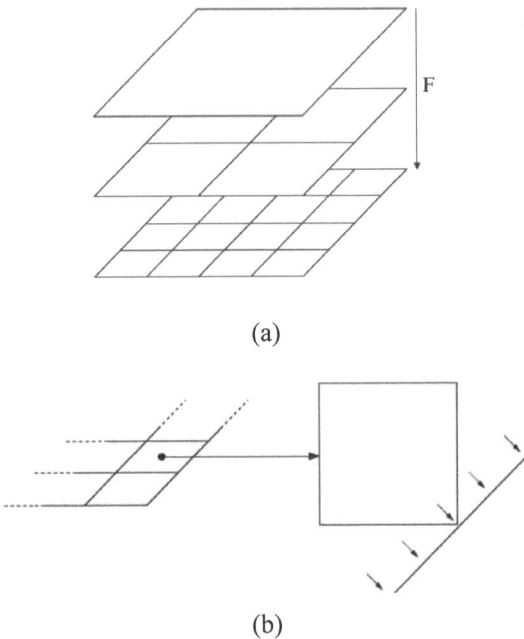

(a)

(b)

Figure 2.5. (a) Décomposition fréquentielle par banc de filtres. (b) Application de la transformée ridgeletsur chaque zone dyadique [46].

Cette transformée est donc plus adaptée aux ruptures d'une image réelle dans le sens ou approximer un contour à partir d'un ensemble de segments sera plus adéquat que si nous devions nous limiter à une droite pour le décrire.

Cette transformée améliore donc la prise en compte des singularités d'une image, par contre, elle est conçue de sorte que la transformée est très redondante. Il existe des alternatives pour lesquelles cette redondance est limitée.

5.1.3. Transformée contourlet

La transformée en contourlet, telle qu'elle a été introduite par Minh Do et Martin Vetterli [12][13], est un nouveau schéma de décomposition d'images, qui fournit une représentation éparse des données aussi bien aux résolutions spatiales que fréquentielles. Une décomposition d'image en contourlet est construite en combinant successivement deux étages de décomposition distincts : une décomposition multi-échelle suivie d'une décomposition directionnelle. Le premier étage utilise une pyramide laplacienne pour transformer l'image en une suite de niveaux passe-bande et un niveau passe-bas (approximation en basse fréquence de l'image). Le deuxième étage applique de manière appropriée des filtres bidimensionnels directionnels et un échantillonnage critique pour décomposer chaque niveau passe-bande en un nombre de bandes directionnelles, capturant ainsi des informations directionnelles ou orientées. Finalement, l'image se trouve représentée par un ensemble de sous bandes multi échelles et orientées.

La transformée en Contourlet est à reconstruction parfaite. Son degré de redondance est relativement faible puisque le nombre total de coefficients contourlet obtenu à l'issue d'une décomposition approche les 4/3 du nombre d'échantillons de l'image originale. Ceci étant dû uniquement au surplus d'échantillons inhérents à la pyramide laplacienne.En effet, le reste de la décomposition est effectué avec échantillonnage critique.

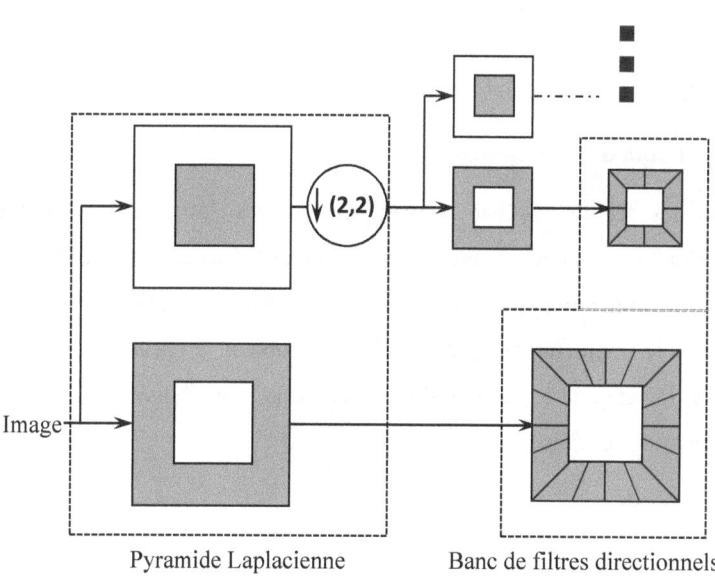

Figure 2.6. Transformée en contourlet

Comparée à la transformée en ondelette discrète, la transformée en contourlet avec sa propriété de sélectivité directionnelle (ou orientée) conduit à des améliorations et à de nouveaux potentiels pour les applications de traitement d'image. En effet, les contours fins sont mieux représentés puisque des expérimentations ont déjà clairement montré que les contours lisses sont représentés de manière efficace par quelques coefficients contourlet localisés dans la bande à orientation appropriée [12][13].

5.2. Transformées géométriques adaptatives

Nous présentons à présent les approches dépendantes du signal, qui offrent en général une plus grande flexibilité que les approches non adaptatives. Le signal est analysé moyennant une information adjacente permettant de sélectionner les représentants adéquats dans un dictionnaire de fonctions. Ces méthodes s'appuient sur un ensemble de paramètres permettant la construction du dictionnaire de fonctions d'analyse et de synthèse. Elles se retrouvent par conséquent systématiquement accompagnées d'une ou plusieurs méthodes destinées à construire l'ensemble de ces paramètres.

5.2.1. Paquets d'ondelettes

Dans les techniques par paquets d'ondelettes [50], [20], l'ensemble des décompositions par ondelettes dyadiques du signal est considéré (au lieu d'itérer la décomposition uniquement sur la bande de base). Dans les applications de codage, la base offrant le meilleur compromis débit-distorsion est sélectionnée [51] par optimisation lagrangienne. Le coût de codage de la base choisie est pris en compte lors de cette minimisation.

5.2.2. Brushlets

La transformée en brushlets a été proposée par Meyer et Coifman dans [21]. Elle donne un partitionnement adaptatif du plan fréquentiel offrant plus de flexibilité que les paquets d'ondelettes en s'affranchissant de la contrainte de séparabilité. Il est alors possible de représenter un motif orienté à l'aide d'un seul coefficient. La décomposition est effectuée en appliquant successivement des opérateurs de fenêtrage à l'image suivis chacun d'une transformée de Fourier. La reconstruction s'obtient alors en effectuant la transformée inverse de chaque composante puis en appliquant l'opérateur de fenêtrage dual et en sommant finalement chaque contribution. Des constructions de bases orthogonales et bi-orthogonales sont proposées dans le cas 1D et 2D, ainsi qu'une procédure de discrétisation. Une optimisation par quad-tree est mise en œuvre pour sélectionner le partitionnement fréquentiel adéquat dans le cadre de la compression d'image.

5.2.3. Bandelettes

La transformée en bandelettes repose sur un modèle géométrique explicite de l'image pour effectuer une analyse orientée le long des contours. Dans une première approche [52], les contours sont représentés par des courbes paramétriques le long desquelles une ondelette séparable est déformée. La décomposition en ondelettes est itérée également le long du contour pour exploiter la forte corrélation existant dans cette direction. Un calcul de gradient multi-résolution permet d'extraire les contours et de sélectionner un certain nombre de courbes paramétriques codées par ondelettes également. Les coefficients de bandelettes le long de ces courbes sont codés ensuite et leur contribution est ôtée de l'image. L'erreur résiduelle est finalement codée par ondelettes séparables. Il est néanmoins délicat dans cette approche d'effectuer l'allocation de débit entre la géométrie, les coefficients de bandelettes et les coefficients d'ondelettes de manière efficace.

Une seconde approche [53] considère un champ d'orientations plutôt qu'un nombre restreint de courbes. Ce champ, représenté sous forme de quad-tree, indique l'orientation locale à l'intérieur de blocs de l'image. Lorsqu'aucune orientation ne semble pertinente, une décomposition en ondelettes séparables est également possible à l'intérieur d'un bloc. Sinon, une décomposition en bandelettes le long de ces orientations est effectuée. Ce champ peut alors être optimisé en termes de débit-distorsion pour réaliser l'allocation de débit entre les informations de géométrie et de texture [1].

La complexité principale de cette transformée réside dans la recherche du champ d'orientation et l'optimisation débit-distorsion pour répartir le débit entre les différentes informations. Cette technique a également été adaptée à la compression de surfaces [54].

6. Méthodes de codages progressifs

Le but des transformées présentées dans la section précédente est de décorréler les données brutes de l'image représentées par ses pixels. Cette décorrélation n'est cependant pas parfaite et les coefficients obtenus après transformée restent dépendants statistiquement. Les codeurs exploitant l'information mutuelle résiduelle entre les coefficients ont permis d'obtenir des performances bien meilleures que les codeurs précédents basés sur de la quantification vectorielle. De plus, les transformées en ondelettes offrant naturellement une représentation progressive de l'image, il est intéressant de conserver cette propriété lors du codage des sous-bandes. Ainsi, dans les codeurs emboîtés (*embedded*), la quantification et le codage sont également réalisés de manière progressive, en commençant par coder partiellement les coefficients de plus forte amplitude, puis en raffinant la quantification de ces derniers et en encodant de nouveaux. Nous présentons ici quelques codeurs progressifs basés sur des structures d'arbres ou de blocs.

Ces méthodes appliquent une quantification par approximations successives pour améliorer la précision de la représentation des coefficients d'ondelettes et pour faciliter le codage emboité. Avec cette approche, la signification des coefficients d'ondelettes pour une série de seuils monotone décroissante T_n est enregistrée dans un ensemble de cartes binaires, appelées cartes de signification correspondant chacune à un plan de bits. La Figure 2.7 illustre cette notion de plan de bits. Par ailleurs, Shapiro a prouvé que le codage des cartes de signification représente une part importante du coût d'encodage total. Ainsi, en améliorant l'encodage de ces cartes de signification, on peut s'attendre à un gain de codage significatif. La technique utilisée pour encoder les cartes de signification est un algorithme par arbre de zéros, qui permet un codage peu coûteux en termes de débit.

Par ailleurs, ce type de méthodes permet de faire de la transmission progressive (amélioration de la qualité par ajout de bits). En effet, elles peuvent trier l'ordre des bits de codage tel que les bits les plus significatifs soient transmis en premier. Ainsi, pour augmenter la qualité de l'image reconstruite, il suffira d'ajouter de la précision en utilisant les bits supplémentaires.

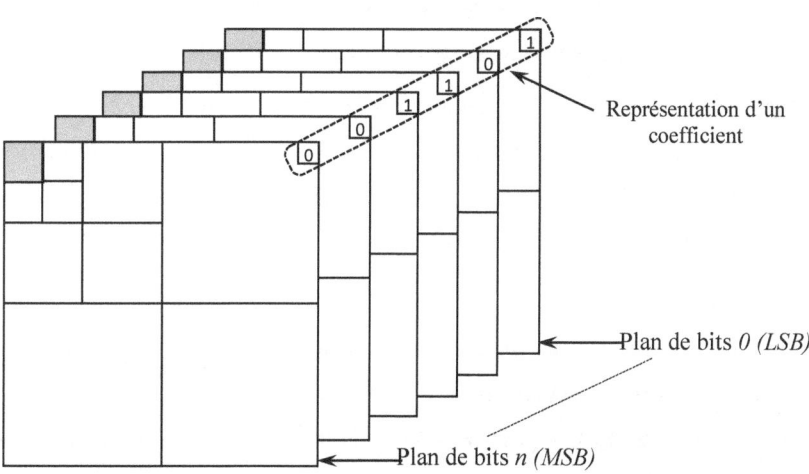

Figure 2.7. Représentation des plans de bits allant des bits les plus significatifs (MSB) vers les bits les moins significatifs (LSB) pour une transformée en ondelettes 2D.

6.1. L'algorithme EZW: Embedded coding with Zerotree of Wavelet coefficients

Le premier algorithme inter-bandes pour les images 2D se nomme EZW [55] proposé en 1993 par Jerrom Shapiro. L'ensemble des méthodes qui ont suivi s'appuient sur des techniques communes. Elles exploitent complètement la notion de multi-résolution associée aux ondelettes. Leur schéma de codage utilise un modèle simple pour caractériser les dépendances inter-bandes parmi les coefficients d'ondelettes localisés dans les sous-bandes ayant la même orientation. La Figure 2.8 illustre ces dépendances à travers toutes les échelles. Le modèle est basé sur l'hypothèse des arbres de zéros, qui suppose que si un coefficient d'ondelettes w est non significatif pour un seuil donné T, c'est à dire $|w| < T$, alors tous les coefficients de la même orientation dans la même localisation spatiale à des résolutions plus fines sont supposés non significatifs pour ce même seuil T. Cette hypothèse des arbres de zéros est illustrée en 2D sur la Figure 2.8. On peut voir qu'un coefficient "*parent*" à une résolution donnée va engendrer 4 coefficients "*enfants*" à la résolution supérieure [36].

Notons que le nœud racine (correspondant aux coefficients de la dernière sous-bande LL) de l'arbre a seulement 3 enfants, alors que tous les autres nœuds à l'exception des extrémités en possèdent 4. En d'autres termes, à l'exception du nœud racine et des extrémités de l'arbre, le lien parent enfant pour EZW est le suivant :

$$O(i,j) = \{(2i, 2j), (2i, 2j+1), (2i+1, 2j), (2i+1, 2j+1)\} \qquad (2.23)$$

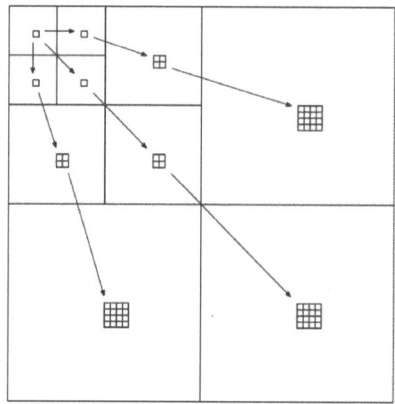

Figure 2.8. Structure d'arbre des coefficients d'ondelettes.

La suite de l'algorithme est comme le suivant : on part d'un seuil entier T_n qui est une puissance de 2 de type $T_n = 2^n$, avec $n = \left[\log_2 \left(| w_{max} | \right) \right]$ où w_{max} est le coefficient le plus grand en valeur absolue de toutes les sous-bandes. Les coefficients d'ondelettes sont scannés dans un ordre hiérarchique de la résolution la plus faible vers la plus grande, et chaque coefficient w est testé pour savoir si sa valeur absolue est supérieure ou égale au seuil T_n, c'est-à-dire s'il est significatif pour le seuil donné. Si un coefficient est trouvé significatif, il est codé suivant son signe par le symbole POS pour un coefficient positif et NEG pour un coefficient négatif. Il est alors placé dans la liste des coefficients significatifs.

Si un coefficient est testé non significatif ($| w | < T_n |$), on examine tous ses descendants pour tester leur signification. Dans le cas où aucun descendant n'est pas significatif, on code un arbre de zéros (AZ). Si un descendant significatif apparaît on code un zéro isolé (ZI). Les coefficients qui descendent d'une racine d'arbre de zéros n'ont pas besoin d'être codés. Cette partie se nomme la passe dominante pour Shapiro ou passe de signification dans de nombreux articles.

Ensuite, la seconde passe (passe de raffinement ou subordonnée pour Shapiro) est réalisée sur les coefficients dans la liste significative. Pour chaque coefficient de cette liste, le bit situé dans le plan de bit inférieur (plan de bit 2^{n-1}) est codé. L'encodeur divise le seuil T_n par 2 ($T_n \leftarrow T_n / 2$) et exécute une nouvelle passe dominante et de raffinement. Cette procédure se poursuit jusqu'à ce que l'on atteigne le débit voulu. Si un coefficient est trouvé significatif à une passe postérieure, il sera encore dans la liste significative à la passe courante et n'aura pas besoin d'être identifié comme significatif une autre fois. Le nombre de coefficients dans cette liste croît de façon monotone au fur et à mesure que les seuils T_n décroissent. Si l'on va jusqu'au dernier plan de bits (LSB), on obtient un codage sans perte car il n'y a plus d'étape de quantification.

Le décodeur utilise un algorithme similaire. Il initialise tous les coefficients à zéro et scanne à travers les mêmes directions que l'encodeur. Le décodeur reçoit un symbole du flux binaire pour chaque coefficient. Si ce symbole est POS ou NEG, l'amplitude du coefficient est au-dessus du seuil et on détermine le signe. Dans les deux cas, le coefficient est placé dans la liste significative. Si un symbole AZ est reçu, aucun des descendants du coefficient courant n'est visité pendant la passe dominante.

On réalise ensuite la passe de raffinement. Pour chaque coefficient dans la liste de signification, un bit est sorti du flux binaire. Si c'est un 1, il est utilisé pour remplacer le bit 0 à la localisation $log_2(T_n) - 1$ dans la représentation binaire des coefficients [36].

6.2. SPIHT: Set Partitioning In Hierarchical Trees

L'algorithme SPIHT [25] reprend les principes évoqués dans EZW tout en proposant de partitionner récursivement les arbres de coefficients. Ainsi, là où EZW codait un coefficient non significatif isolé ('ZI'), SPIHT effectue un partitionnement récursif de l'arbre de manière à déterminer la position des coefficients significatifs dans la descendance du coefficient considéré. Les coefficients significatifs sont codés de manière similaire à EZW : leur signe est envoyé dès qu'ils sont identifiés comme étant signifiants et ils sont ajoutés à la liste des coefficients à raffiner. Cet algorithme fonctionne également par plans de bits. Il offre des performances remarquables, atteignant celles d'EZW sans codage entropique. En ajoutant un codage entropique de l'information de signifiance, un gain supplémentaire entre 0.3 et 0.6 *dB* peut être obtenu [1].

Les bits envoyés lors de la passe de signifiance correspondent au programme exécuté à l'encodeur lors de l'exécution de l'algorithme de classement en coefficients significatifs et non significatifs. En suivant le même programme, le décodeur reste synchrone avec les décisions de l'encodeur et retrouve la même classification. Cet algorithme repose sur la gestion de trois listes, de coefficients signifiants (LCS), de coefficients insignifiants (LCN) et d'ensembles insignifiants (LEN). Moyennant un seuil de signifiance divisé par deux à chaque itération, et dont la valeur initiale est transmise au décodeur.

L'algorithme se déroule de la manière suivante : la liste des coefficients signifiants est initialement vide, tandis que la liste de coefficients insignifiants contient les racines de chaque arbre (coefficients de la bande basse) et la liste d'ensembles insignifiants contient l'ensemble des descendants de chaque arbre. Cette partition initiale est segmentée récursivement au moyen de deux règles. Si un ensemble de descendants d'un nœud est signifiant, il est séparé en quatre coefficients fils directs de ce nœud, et l'ensemble des autres descendants. Les fils directs sont ajoutés à la LCN ou la LCS en fonction de leur signifiance. Si au moins un élément de l'ensemble des autres descendants est signifiant, cet ensemble est séparé en quatre ensembles insignifiants ajoutés à la LEN. Le fait de traiter les coefficients par groupes de quatre permet d'effectuer un codage entropique efficace par la suite. Comme dans EZW, la passe de raffinement consiste à coder progressivement les bits de poids faibles des coefficients significatifs [1].

6.3. SPECK: Set-Partitioning Embedded Block Coder

Offrant des performances comparables à SPIHT, l'algorithme SPECK [56] exploite des structures d'ensembles de coefficients non signifiants en blocs plutôt qu'en arbres. Ces structures de blocs permettent de s'affranchir efficacement de la non-stationnarité des coefficients en adaptant localement la statistique utilisée pour le codage.

Les coefficients sont initialement séparés en deux ensembles, l'un noté S contenant les coefficients de basses fréquences et l'autre, noté I contenant les autres coefficients. De la même manière que dans SPIHT, deux listes sont tenues à jour, pour représenter les coefficients significatifs (LCS) et les ensembles de coefficients non significatifs (LEN). La liste d'ensembles non significatifs contient des blocs de coefficients de taille variable, y compris les coefficients isolés vus comme des blocs de 1×1 (stockés dans la LCN dans SPIHT). Cette liste triée va des blocs de plus petites tailles aux blocs de plus grandes tailles. Lors du déroulement de l'algorithme, un test de signifiance est réalisé sur chaque ensemble de la LEN à tour de rôle. Si l'ensemble est signifiant et non réduit à un seul coefficient, il est retiré de la liste et partitionné récursivement en quatre sous blocs sur lesquels ce test est effectué à nouveau. Si le bloc est réduit à un seul coefficient significatif, celui-ci est ajouté à la LCS. Dans tous les autres cas, l'ensemble est laissé ou ajouté dans la LEN. Les autres coefficients appartenant à I sont traités ensuite. Si cet ensemble est signifiant, il est séparé en trois blocs de coefficients correspondants aux sous-bandes de plus basses fréquences, et en un nouvel ensemble I contenant le reste des coefficients. Ces trois nouveaux blocs sont traités comme précédemment. Ce processus de séparation de l'ensemble I est répété jusqu'à ce qu'il soit insignifiant. Le codage des bits de raffinement est par ailleurs identique à SPIHT.

Cet algorithme regroupe plusieurs idées développées précédemment. Tout d'abord, le partitionnement adaptatif en quad-tree, développée dans [57] et réalisé lors de la séparation de S, permet de repérer rapidement les régions hautement énergétiques et de les coder avec un nombre minimum d'information de signifiance. La séparation récursive en sous-bandes réalisée sur l'ensemble *I* et initialement introduite dans [58] permet d'en exploiter la structure hiérarchique en s'intéressant d'abord aux sous-bandes de plus haute énergie a priori. Combinées avec le codage du partitionnement proposé dans SPIHT, ces techniques donnent un codeur par blocs offrant des résultats similaires [1].

6.4. EBCOT: Embedded Block Coder with Optimal Truncation

Le codeur EBCOT [59], adopté pour le standard JPEG2000, fonctionne en deux passes sur des blocs indépendants de taille moyenne (typiquement 32×32 ou 64×64). Ceux-ci sont codés en un flux hautement progressif et les points de troncatures sont enregistrés pour la deuxième passe qui s'occupe de l'optimisation débit-distorsion. L'allocation de débit optimale, correspondant à la troncature des différents flux pour chaque bloc, est calculée pour différents débits cibles et stockée également dans le flux sous forme compressée, en tant que couche de progressivité. Chaque bloc étant indépendant, il est possible de les réordonner de manière à obtenir une progressivité à la fois en qualité et en résolution, ou de décoder uniquement des zones d'intérêt dans l'image. L'information de progressivité ayant un coût, les meilleures performances sont obtenues lors du codage en simple couche au dépend de la progressivité en qualité.

Chaque bloc est codé de manière progressive par plans de bits. Ces blocs sont découpés en sous-blocs de taille 16×16. Un quad-tree de signifiance permet d'éliminer rapidement les sous blocs insignifiants à l'intérieur du bloc considéré. Pour les sous blocs signifiants restants, le codage de la signifiance s'effectue dans l'ordre classique de parcours à l'aide de deux primitives. La première primitive de longueur (run length coding) indique si quatre coefficients consécutifs sont insignifiants. Si ce n'est pas le cas, la position du premier coefficient signifiant est transmise sur deux bits. Cette primitive n'est utilisée que si tous les voisins (au sens du 8-voisinage) des quatre coefficients du segment sont insignifiants et permet principalement de réduire la complexité du codeur. Dans les autres cas, la primitive de codage des zéros (zero coding) est utilisée. Les coefficients sont traités un par un et leur information de signifiance est transmise. À chaque fois qu'un coefficient devient signifiant, son signe est transmis immédiatement. Les coefficients précédemment signifiants sont ignorés par la passe de signifiance et raffinés en transmettant leurs bits de poids faible.

La seconde passe consiste à créer des couches de progressivité en allouant a posteriori le débit optimal sur chaque bloc pour atteindre un débit cible. Une optimisation débit-distorsion lagrangienne est réalisée à partir des informations de débit et de distorsion récupérées lors du codage des blocs. En fonction du nombre de couches désirées, la pente correspondant au débit voulu pour chaque couche est déterminée, et les flux de chaque bloc sont tronqués au débit correspondant. La pente et les débits par bloc associés sont alors stockés dans un flux binaire décrivant cette couche. Cette information est compressée par un quad-tree, indiquant la présence ou non de chaque bloc dans une couche, de manière à exploiter la dépendance inter échelle des blocs. Il s'agit en quelque sorte d'une information de signifiance sur les blocs, similaire au principe du *zerotree*. Lorsqu'un bloc apparaît pour la première fois dans une couche de qualité, l'index du bit de poids fort du coefficient de plus forte amplitude dans ce bloc est également transmis.

7. Conclusion

Dans ce chapitre, un état de l'art, nous avons rappelé et décrit les principales méthodes de compression basées sur les transformations. Nous avons commencé, évidemment, par présenter les transformations les plus utilisées dans ce cas. Nous avons également mis l'accent sur leurs propriétés et les limites de ces transformations. Nous avons terminé ce chapitre par un rappel assez détaillé sur les méthodes de compression les plus populaires basées sur la transformation en ondelette. En effet, cette transformation, supplantant la transformation classique de type DCT, est utilisée actuellement dans un bon nombre de méthode de compression tel que le JPEG2000, EZW, SPIHT ….etc.

Chapitre 3

Compression par transformation hybride DCT – DWT

1. Introduction

Nous proposons dans ce chapitre une méthode de transformation hybride basée sur la transformée DCT – 2D en sous-bandes multi-résolution et la transformée en ondelettes DWT – 2D. Nous commençons par introduire en premier lieu la transformée DCT multi-résolution ensuite nous présentons son hybridation avec la transformée en ondelettes. Les résultats de compression avec cette transformée hybride et le codage SPIHT sont présentés avec les améliorations apportées.

2. La transformation hybride DCT – DWT

La transformation proposée dans ce travail est une hybridation de deux transformées très connues dans le domaine du traitement du signal et des images [60]. Il s'agit de :

- la DCT qui est dans le cœur du standard international JPEG,
- la DWT qui représente un mot clé important des performances obtenus par le standard international de compression des images JPEG2000.

Ces deux transformées sont utilisées ensemble dans un seul schéma de transformation de l'image. Ce schéma offre une décomposition multi-résolution de l'image avec un nombre de sous bandes qui dépend du niveau de décomposition.

La décomposition en ondelettes est connue comme transformation espace – fréquence très efficace en compression à cause de la nature multi-résolution qu'elle offre. Tandis que la DCT est connue seulement comme une transformation fréquentielle. Alors, nous introduisons en premier lieu le schéma de transformation d'une image en plusieurs sous bandes multi-résolution utilisant la DCT. Une hybridation de cette décomposition avec la transformée en ondelettes est ensuite présentée [60]. Ces deux étapes de transformation sont présentées en détail dans la section suivante.

2.1 La DCT sous-bandes multi-résolution

La multi-résolution en traitement d'image consiste à représenter une image en plusieurs composantes ou sous images dont chacune contient une partie du contenu fréquentiel de l'image originale. Cette propriété est bien présentée par la transformée en ondelettes et c'est l'une des principales raisons de la réussite de cette dernière en compression d'images.

L'idée de base de la transformée DCT sous bandes est d'arriver à obtenir la propriété de multi-résolution en utilisant la transformation en cosinus discrète. A cet effet, nous proposons une méthode permettant de décomposer une image en plusieurs sous bandes tout comme la transformée en ondelettes. Cette méthode est basée sur la représentation spatiale des sous bandes fréquentielles obtenus par transformation DCT.

Pour une image d'entrée de ($N \times M$) pixels, la transformée en cosinus discrète bidimensionnelle est calculée en utilisant l'équation (2.4).Les coefficients obtenus sont partitionnés horizontalement et verticalement en quatre (04) parties ou sous bandes fréquentielles de mêmes dimensions : la partie haute-gauche comme première sous bande de base fréquence (LL), la partie haute-droite comme deuxième sous bande (HL), la partie basse-gauche comme troisième sous bande(LH) et la dernière partie comme quatrième sous bande (HH).Dans la dernière étape de la transformée DCT sous bandes, chaque partie est inversement transformée en utilisant la transformée en cosinus discrète bidimensionnelle inverse. Finalement, nous obtenons quatre sous bandes :

- la première partie de basses fréquences qui représente une approximation (*A*) de l'image initiale,

- les trois (03) autres parties de hautes fréquences représentant les détails horizontales (*Dh*), verticales (*Dv*) et diagonales (*Dd*).

La Figure 3.1 montre les différentes étapes pour un seul niveau de décomposition d'une image en utilisant la transformée DCT sous bandes [60]. Ainsi, la figure 3.2 montre un exemple sur le résultat obtenu après un niveau de décomposition de l'image *Barbara* par la décomposition DCT sous bandes. Comme le montre la Figure 3.2, le résultat obtenu par cette décomposition est similaire à une décomposition en ondelettes en termes de la structure des sous bandes obtenus. Après chaque niveau de décomposition par DCT sous bandes nous obtenons quatre parties de contenu fréquentiel différent ; une approximation (*A*), détails horizontales (*Dh*), détails verticales (*Dv*) et détails diagonales (*Dd*).

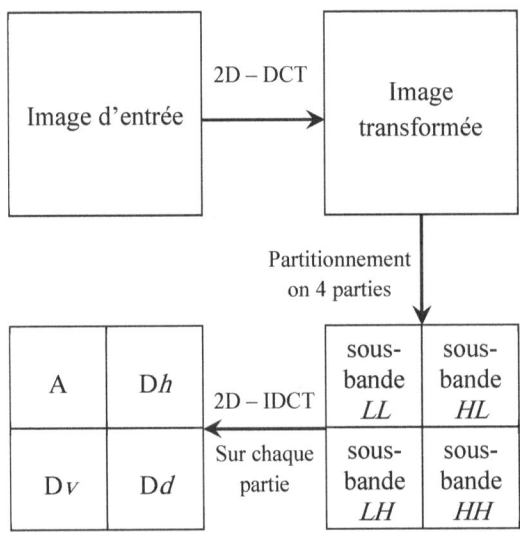

Figure 3.1. Les différentes étapes d'un niveau de décomposition d'une image par la transformée DCT sous bandes.

Figure 3.2. Un exemple de résultat obtenu après un niveau de décomposition de l'image *Barbara* par la décomposition DCT sous bandes.

Pour la décomposition d'une image à plusieurs niveaux, le processus décrit ci-dessus peut être itérés sur l'approximation obtenue. Par conséquent, nous obtenons une représentation multi-résolution de l'image avec la transformée DCT sous bandes. Or, pour éviter une étape additionnelle de transformation directe et inverse par DCT de la partie approximation dans le cas multi niveaux nous devons prendre en considération certaines exigences. En effet, la sous bande d'approximation doit rester dans sa représentation fréquentielle, partitionner en quatre sous bandes et ensuite chacune parmi les sous bandes de détails est transformée par DCT inverse, tandis que la représentation fréquentielle de l'approximation elle est laissée jusqu'au dernier niveau avant d'être transformée par DCT inverse.

Notons qu'il existe une autre variante de la transformation en cosinus discrète sous bandes qui a été utilisée pour la compression des images médicales présentée dans la référence [61]. Mais cette transformation est différente par rapport à la DCT sous bandes proposée dans ce travail. En plus son implémentation est un peu plus complexe.

2.2 Hybridation avec la DWT

La méthode hybride utilise en premier temps la transformée DCT sous bandes pour décomposer l'image initiale en plusieurs sous bandes multi-résolution. La transformée en ondelettes est ensuite utilisée en deuxième étape pour transformer l'approximation obtenu.

Pour les images qui présentent un nombre important de structures géométriques (contours et textures) et qui contiennent plus d'énergie en hautes fréquences, la transformée en ondelettes produit un nombre élevé de coefficients importants (grande valeurs absolus) dans les sous bandes de détails correspondant aux échelles les plus fines. Alors, cette méthode n'est plus optimale pour la compression de ce type d'images, et ainsi elle est remplacée dans notre travail par la DCT sous bandes pour les échelles les plus fines. Ultérieurement, la transformée en ondelettes sera appliquée sur la partie approximation de faible résolution obtenue [60]. En effet, cette dernière à montrer ses performances pour la compression des images de faibles résolutions.

Donc, la transformation hybride DCT – DWT décompose l'image à plusieurs niveaux moyennant la DCT sous bandes. La dernière approximation obtenue est ensuite décomposée par transformation en ondelettes. Finalement, une représentation multi-résolution de l'image est obtenue par hybridation de la DCT sous bandes et la transformation en ondelettes. Le nombre de niveaux pour chaque étape des deux transformations peut avoir plusieurs configurations possibles. Après plusieurs essais, nous avons choisis d'appliquer deux niveaux de décomposition par DCT sous bandes suivi de trois niveaux de décomposition DWT pour des images de 512×512 pixels. De même, cette configuration ne donne plus les meilleurs résultats pour toutes les images. Elle a été choisie car elle représente le meilleur compromis pour une large gamme d'images en termes de la qualité de reconstruction.

3. Algorithme de codage SPIHT

L'algorithme de codage SPIHT est parmi les algorithmes les plus connus et les plus utilisés dans le domaine de la compression. Il a été proposé initialement par Saïd et Pearlman en 1996 [25] pour le codage des coefficients d'ondelettes. Il a été ensuite utilisé pour a compression d'autres types de données telles que les signaux électrocardiogrammes (ECG) [62], [63] et les signaux vidéos [64]. Cet algorithme peut fonctionner en mode avec ou sans pertes.

Les principes de base de SPIHT sont les suivants :

- un rangement partiel par amplitude des coefficients d'ondelettes résultant de la quantification par approximations successives,

- un partitionnement dans des arbres hiérarchiques à chaque seuil appliqué. Les arbres sont triés sur la base de leur signification en deux catégories d'arbres et un ordonnancement de la transmission des bits de raffinement (l'amplitude de chaque coefficient significatif est progressivement raffinée).

Les descriptions complètes des deux algorithmes de codage et décodage SPIHT sont données ci-dessous. Commençons par définir les différents ensembles utilisés par cet algorithme :

- $O(i,j)$: Ensemble des coordonnées de tous les enfants du nœud (i,j).

- $D(i,j)$: Ensemble des cordonnées de tous les descendants du nœud (i,j) (type A d'arbres de zéros)

- $L(i,j)=D(i,j)-O(i,j)$ (type B d'arbre de zéros).

Les règles de partitions sont les suivantes :

a) La partition initiale est formée des ensembles $\{(i,j)\}$ et $D(i,j)$, pour tous $(i,j) \in LL_n$ qui ont un descendant. Dans chaque groupe de coefficients 2×2 dans la dernière sous bande $LL_n \mathbb{Z}$, un des coefficients n'a pas de descendances.

b) Si $D(i,j)$ est significatif alors il est découpé en $L(i,j)$ plus 4 ensembles $D(l,m)$ d'un seul élément avec $(l,m) \in O(i,j)$

c) Si $L(i,j)$ est significatif alors il est partitionné en 4 sous-ensembles $D(l,m)$ avec $(l,m) \in O(i,j)$.

2.1. Méthode de codage

Pour réaliser pratiquement un codage emboité, l'algorithme SPIHT stocke l'information significative dans 3 listes ordonnées :

1. La liste des coefficients significatifs (*LCS*),
2. La liste des coefficients non significatifs (*LCN*),
3. La liste des ensembles non significatifs (*LEN*).

Dans chaque liste, l'entrée, de coordonnées (i, j), représente dans *LCS* et *LCN* un coefficient individuel et dans *LEN* elle représente soit l'ensemble $D(i, j)$ soit l'ensemble $L(i, j)$. Pendant la passe de signification, les coefficients dans LCN, qui étaient non significatifs dans la passe précédente, sont de nouveau testés. Ceux qui deviennent significatifs sont placés dans LCS. Similairement, les ensembles de *LEN* sont évalués selon leur ordre d'entrée. Si un ensemble est trouvé significatif il est supprimé de cette liste puis partitionné. Les nouveaux ensembles, constitués de plus d'un élément, sont ajoutés à la fin de *LEN* avec le type (*A* ou *B*). Tandis que les simples coefficients sont ajoutés à la fin de *LCS* ou de *LCN* suivant leur signification. La liste *LCS* contient les coordonnées des coefficients qui seront traités dans la prochaine passe de raffinement.

L'opérateur de signification σ_{Tn} qui évalue la signification d'un sous-ensemble E pour un seuil donné T_n est donné par :

$$\sigma_{Tn}(E) = \begin{cases} 1 & \text{si} \quad \exists w \in E : |w| \geq T_n \\ 0 & \text{si} \quad \exists w \in E : |w| < T_n \end{cases} \tag{3.1}$$

tel que w représente un coefficient d'ondelette.

Algorithme de codage SPIHT

1. Initialisation :

Sortie $n = \left[\log_2 \left(|w_{max}| \right) \right] \Leftrightarrow T_n = 2^n, LCS = \varnothing, LCN = (i,j) \in LL$ }. LEN contient les mêmes coefficients que LCN excepté ceux qui n'ont pas de descendants.

2. *Passe de signification :*

    2.1. Pour chaque $(i,j) \in LCN$ faire :

        2.1.1 Sortie $\sigma_{Tn}(i,j)$

        2.1.2 Si $\sigma_{Tn}(i,j)$ alors mettre (i,j) dans LCS et coder le signe de w (i,j)

    2.2 Pour chaque $(i,j) \in LEN$ faire :

        2.2.1 Si l'entrée est de type A

            a. Sortie $\sigma_{Tn}\left(D(i,j)\right)$

            b. si $\sigma_{Tn}\left(D(i,j)\right) = 1$ alors

                - Pour chaque $(l,m) \in O(i,j)$ faire :

                - Sortie $\sigma_{Tn}(l,m)$

                    - si $\sigma_{Tn}(l,m) = 1$ alors mettre (l,m) dans LCS et coder le signe de w (l,m)

                    - si $\sigma_{Tn}(l,m) = 0$ alors mettre (l,m) à la fin de LCN.

                - Si $L(i,j) \neq \varnothing$ alors mettre (i,j) à la fin de LEN comme une entrée de type B, sinon enlever (i,j) de la liste LEN.

        2.2.2. Si l'entrée est de type B

            a. Sortie $\sigma_{Tn}\left(L(i,j)\right)$

            b. si $\sigma_{Tn}\left(L(i,j)\right) = 1$ alors

                - mettre (l,m) à la fin de LEN comme une entrée de type A

                - supprimer (i,j) de LEN

3. *Passe de raffinement :*

Pour chaque coefficient $(i,j) \in LCS$ à l'exception de ceux incluse dans la même passe de signification. Sortie le n-ème bit significatif de $|w(i,j)|$

4. *Modification du pas de quantification :*

$T_n = T_n / 2$ et aller à l'étape (**2**).

2.2. Méthode de décodage

Pour obtenir, l'algorithme de décodage, il suffit simplement de remplacer le mot *Sortie* par *Entrée* dans l'algorithme précédent. Donc, les deux algorithmes ont la même complexité algorithmique.

De plus, le décodeur exécute une tâche supplémentaire en modifiant l'image reconstruite. Pour un seuil T_n donné, quand un coefficient est déplacé dans la *LCS*, il est évident que $T_n \leq w\left(i,j\right) < 2 \times T_n = 2^{n+1}$. A cet effet, l'erreur produite par rapport à ce coefficient, compte tenu que les bits non-décodés sont mis à zéro, est $0 \leq e\left(i,j\right) < T_n$. Une solution relativement simple permettant de réduire la valeur maximale de cette erreur est d'ajouter au coefficient reconstruit, la valeur médiane de l'intervalle des variations de l'erreur $e\left(i,j\right)$ en l'occurrence $T_n/2$. Ainsi, le décodeur utilise cette information plus le bit de signe juste après l'insertion dans la *LCS* (signe de $w\left(i,j\right)$)pour mettre $w\left(i,j\right) = \pm 1.5 \times T_n$.

De manière identique, pendant la passe de raffinement le décodeur ajoute ou soustrait $T_n/2$ à $w\left(i,j\right)$ quand on reçoit les bits de la représentation binaire de $\left| w\left(i,j\right)\right|$. De cette manière, la distorsion baisse simultanément pendant les 2 passes.

Enfin, on notera que l'algorithme SPIHT produit directement des symboles binaires. Ainsi, un codeur arithmétique n'est pas nécessaire même s'il est souvent implanté pour améliorer les performances du codage.

4. Résultats de compression par transformée hybride

Dans cette partie, nous présentons les résultats expérimentaux obtenus par l'implémentation de la méthode décrite ci-dessus. Nous avons appliqué cette méthode sur un ensemble d'images de tests tels que les images de *Barbara*, *Fingerprint*, *Baboon* et *Texture* pour l'évaluation de la méthode proposée. Les images de tests ont une résolution de 512×512 pixels.

Alors, chaque image est transformée par la transformation hybride DCT – DWT, ensuite les coefficients obtenus sont codés par l'algorithme SPIHT qui va produire la chaine de bits de sortie. Cinq (05) niveaux de décomposition sont appliqués pour chaque image dont les deux (02) premiers sont avec la DCT sous bandes et les trois autres (03) niveaux sont avec la transformation en ondelettes. Les filtres d'ondelettes bi-orthogonaux 9/7 sont utilisés dans la décomposition avec une extension symétrique sur les bords de l'image. Ces filtres ont montré qu'ils offrent le meilleur compromis pour la compression d'images. L'algorithme de codage SPIHT est utilisé dans ce travail sans codage arithmétique. En effet, ce type de codage entropique peut améliorer les performances de la méthode mais avec plus de complexité. Après l'étape de décodage SPIHT et transformation inverse par la méthode hybride DCT – DWT inverse, les distorsions des images reconstruites sont mesurées à travers la valeur du *PSNR*. Les résultats obtenus par transformation DCT – DWT hybride et codage SPIHT sont montrés dans le Tableau 3.1.

Débit	Image utilisée			
(*bpp*)	*Barbara*	*Fingerprint*	*Baboon*	*Texture*
0.1	24.02	20.92	21.07	13.33
0.2	26.81	24.08	22.17	14.86
0.3	28.45	26.09	23.37	16.00
0.4	29.42	27.27	24.17	17.25
0.5	31.45	28.30	24.88	18.08

Tableau3.1. Résultats de compression des différentes images de tests par la transformée DCT – DWT hybride.

Comparaison avec la transformée en ondelettes

En vue de l'évaluation des résultats obtenus par transformation hybride nous procédons à une comparaison avec les résultats obtenus par la transformation en ondelettes. Cette comparaison est faite en termes de la qualité objective mesurée par la valeur du *PSNR*, et aussi en termes de la qualité subjective.

4.1. Comparaison objective

Les performances de cette méthode hybride sont comparées avec les performances d'un algorithme basé sur la transformation en ondelettes et codage SPIHT. Par conséquent, chaque image de test est compressée avec plusieurs débits différents allant de 0.1 jusqu'à 0.5 *bpp* en utilisant les deux transformations hybride et d'ondelettes. Pour l'algorithme basé sur les ondelettes, cinq (05) niveaux de décomposition avec les filtres d'ondelettes bi-orthogonaux 9/7 sont appliqués avec extension symétrique. Les valeurs du *PSNR* obtenus pour les images de *Barbara, Fingerprint, Baboon* et *Textures* sont présentées respectivement dans les Tableaux 3.2, 3.3, 3.4 et 3.5.

Débit (*bpp*)	DWT	DCT – DWT hybride
0.1	23.82	24.02
0.2	26.13	26.81
0.3	27.62	28.45
0.4	28.95	29.42
0.5	30.74	31.45

Tableau3.2. Résultats de comparaison des *PSNR* obtenus par les deux transformations pour l'image *Barbara*.

Débit (*bpp*)	DWT	DCT – DWT hybride
0.1	20.55	20.92
0.2	23.44	24.08
0.3	25.49	26.09
0.4	26.67	27.27
0.5	27.69	28.30

Tableau 3.3. Résultats de comparaison des *PSNR* obtenus par les deux transformations pour l'image *Fingerprint*.

Débit (*bpp*)	DWT	DCT – DWT hybride
0.1	21.01	21.07
0.2	22.10	22.17
0.3	23.31	23.37
0.4	24.09	24.17
0.5	24.81	24.88

Tableau 3.4. Résultats de comparaison des *PSNR* obtenus par les deux transformations pour l'image *Baboon*.

Débit (*bpp*)	DWT	DCT – DWT hybride
0.1	13.28	13.33
0.2	14.59	14.86
0.3	15.67	16.00
0.4	16.89	17.25
0.5	17.60	18.08

Tableau 3.5. Résultats de comparaison des *PSNR* obtenus par les deux transformations pour l'image *Texture*.

D'après les résultats, présentés dans les différents tableaux ci-dessus, nous remarquons que les valeurs des *PSNR* obtenus par la transformée hybride sont meilleurs par rapport aux résultats obtenus à partir des ondelettes. Pour les différents débits, nous avons obtenus d'une manière globale des améliorations en termes de *PSNR*. Alors que dans certains cas particuliers les améliorations en termes de *PSNR* sont relativement importantes comme par exemple :

- l'image de *Barbara* où le gain en *PSNR* est de 0.68 *dB* à 0.2 *bpp*, 0.83 *dB* à 0.3 *bpp* et 0.71 *dB* à 0.5 *bpp*.

- l'image *Fingerprint* avec un gain en *PSNR* de 0.60 *dB* à 0.2 et 0.64 *dB* à 0.3 *bpp*.

- l'image *Texture*, un peu moins d'améliorations, où le gain en *PSNR* est de 0.48 *dB* à 0.5 *bpp*.

D'un autre côté, cette transformée hybride n'arrive pas à atteindre de grandes améliorations pour certaines autres images telle que l'image *Baboon* où les gains obtenus ne dépassent guère une valeur de 0.08 *dB*.

Les résultats montrés dans les Tableaux 3.2 – 3.5 sont représentés, sous forme de courbes de distorsion – débit, respectivement sur les Figures 3.3 – 3.6. Ces courbes donnent la variation de la distorsion obtenue (*PSNR*) après reconstruction de l'image en fonction du débit binaire fixé avant compression.

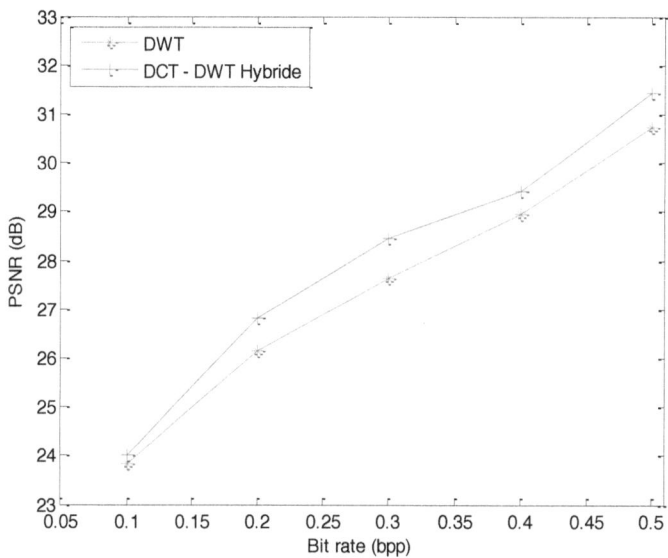

Figure 3.3. Courbe distorsion – débit pour l'image *Barbara.*

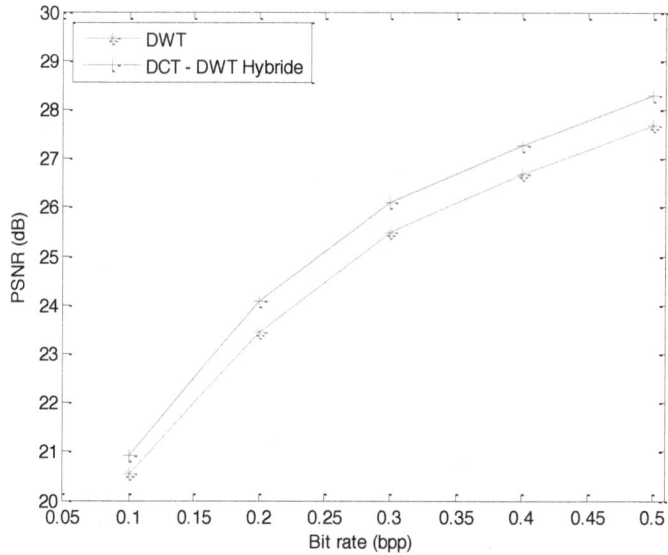

Figure 3.4. Courbe distorsion – débit pour l'image *Fingerprint.*

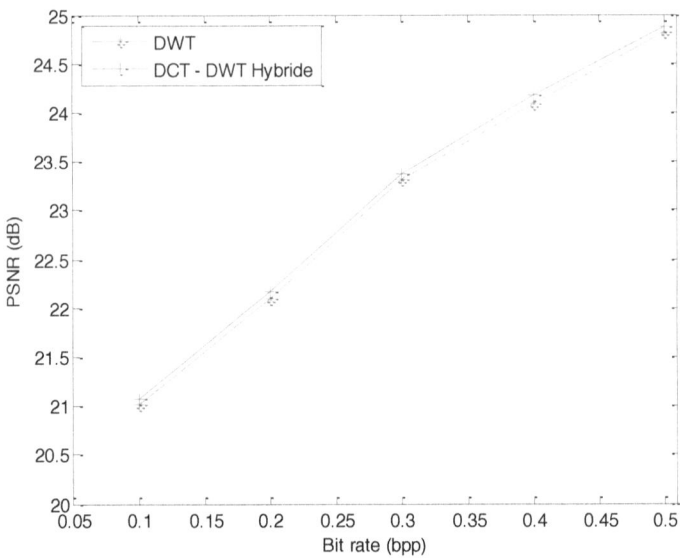

Figure 3.5. Courbe distorsion – débit pour l'image *Baboon*.

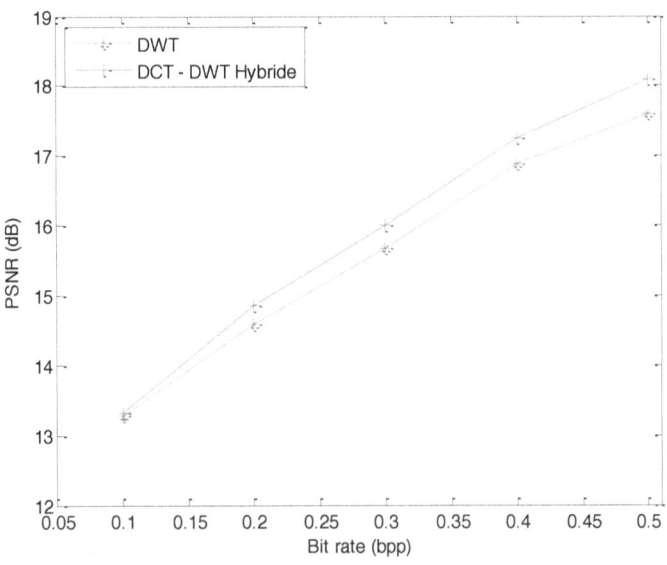

Figure 3.6. Courbe distorsion – débit pour l'image *Texture*.

Les courbes représentées ci-dessus donnent une appréciation globale sur les performances de l'algorithme hybride vis-à-vis de la variation du rapport de compression. A partir de ces résultats, nous constatons que les performances du schéma proposé ne sont pas liées à un débit particulier. En effet, d'importants gains en *PSNR* peuvent être obtenus à des débits différents (Figures 3.3 et 3.4). Dans certains cas, les gains liés à des faibles débits, par exemple 0.1 *bpp* correspondant à un rapport de compression de 80 fois moindre, sont un peu faibles (Figures 3.3 et 3.6). Ces résultats sont liés aux nombres de coefficients codés qui sont relativement peu élevées, où nous ne pouvons pas, généralement, obtenir les améliorations les plus performantes avec la méthode proposée.

4.2. Comparaison subjective

Pour la comparaison en termes de la qualité subjective des images décompressées par la transformation hybride par rapport aux images décompressées par la transformation en ondelettes, nous accommodons la qualité visuelle des images reconstruites comme mesure de cette qualité. Par conséquent, nous présentons les images reconstruites par les deux méthodes (transformée en ondelettes et transformée hybride) aux différents débits ou rapports de compression. Les Figures 3.7 – 3.10 montrent la qualité visuelle des images *Barbara*, *Fingerprint*, *Baboon* et *Texture* respectivement.

La Figure 3.7 montre une comparaison des résultats de décompression de l'image *Barbara* pour des débits binaires de 0.15 et 0.25 *bpp*. Les Figures 3.8 et 3.9 montrent la comparaison des résultats obtenus pour les images *Fingerprint* et *Baboon* respectivement avec des débits de 0.1 et 0.15 *bpp*. La comparaison des résultats de décompression de l'image *Texture* est montrée sur la Figure 3.10.

(a)   Image originale

(b) *PSNR* = 24.74 à 0.15 *bpp*   (c) *PSNR* = 25.09 à 0.15 *bpp*

(d) *PSNR* = 26.92 à 0.25 *bpp*   (e) *PSNR* = 27.70 à 0.25 *bpp*

Figure 3.7. Résultats de décompression de l'image *Barbara* par ondelettes (à gauche) et par transformation hybride (à droite).

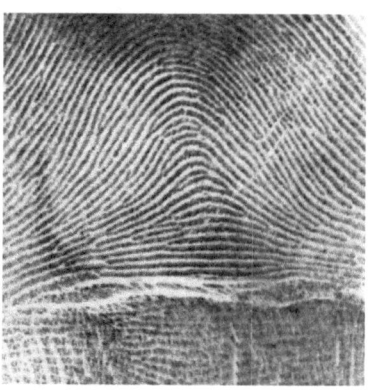

(a) Image originale

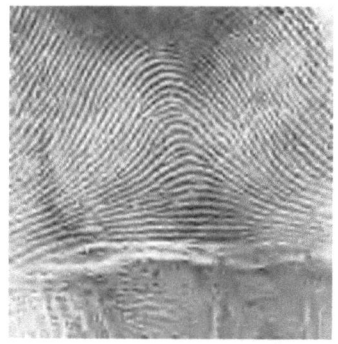

(b) *PSNR* = 20.55 à 0.1 *bpp*

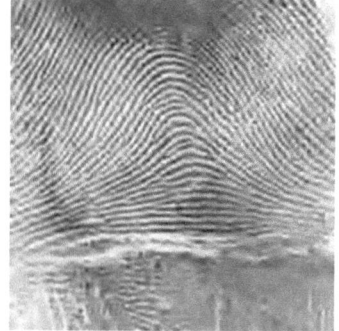

(c) *PSNR* = 20.92 à 0.1 *bpp*

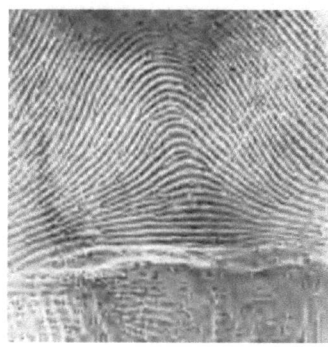

(d) *PSNR* = 22.47 à 0.15 *bpp*

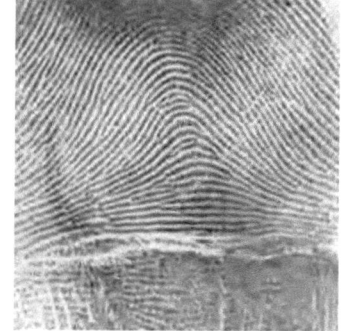

(e) *PSNR* = 23.11 à 0.15 *bpp*

Figure 3.8. Résultats de décompression de l'image *Fingerprint* par ondelettes (à gauche) et par transformation hybride (à droite).

(a) Image originale

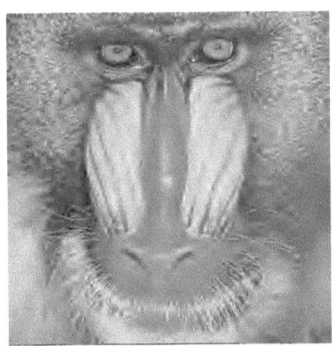

(b) *PSNR* = 21.01 à 0.1 *bpp*   (c) *PSNR* = 21.07 à 0.1 *bpp*

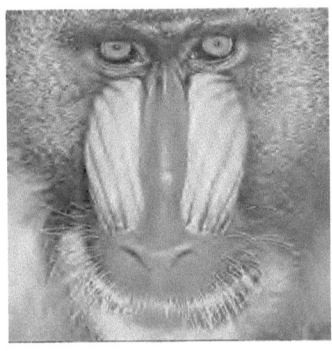

(d) *PSNR* = 21.56 à 0.15 *bpp*   (e) *PSNR* = 21.63 à 0.15 *bpp*

Figure 3.9. Résultats de décompression de l'image *Baboon* par ondelettes (à gauche) et par transformation hybride (à droite).

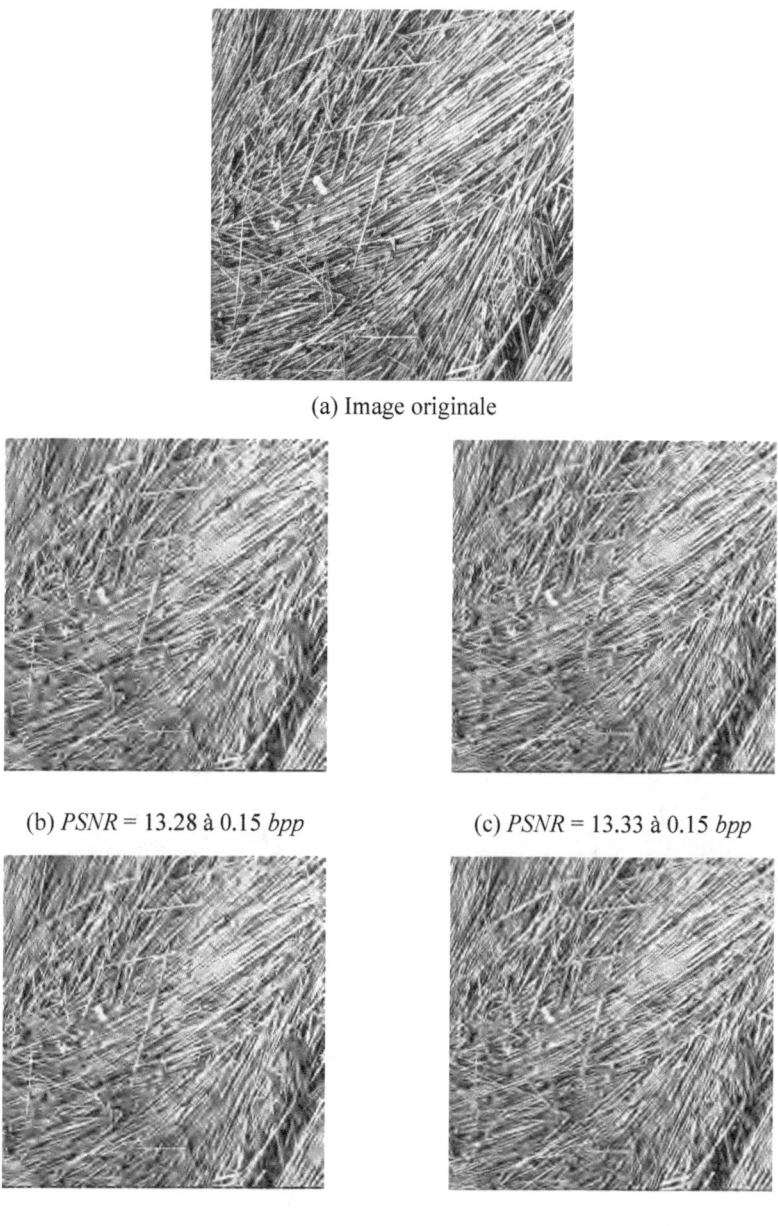

(a) Image originale

(b) *PSNR* = 13.28 à 0.15 *bpp*

(c) *PSNR* = 13.33 à 0.15 *bpp*

(d) *PSNR* = 14.59 à 0.2 *bpp*

(e) *PSNR* = 14.86 à 0.2 *bpp*

Figure 3.10. Résultats de décompression de l'image *Texture* par ondelettes (à gauche) et par transformation hybride (à droite).

D'après les résultats de compression / décompression des images de tests montrés dans les figures précédentes, nous remarquons que la qualité visuelle des images compressées par l'algorithme basé sur la transformée hybride DCT – DWT est meilleure que celle des images obtenues par l'algorithme basé sur la transformée en ondelettes. Ils existent des parties dans les images reconstruites par transformée hybride qui apparaissent clairement. Autrement dit, les détails de textures ou des contours sont plus lisibles dans ces images. Par contre pour les images reconstruites par l'algorithme basé sur la transformée en ondelettes ces mêmes parties subissent un certain floue.

Les remarques mentionnées ci-dessus sont valables pour les quatre (04) images utilisées et pour les différents débits. La Figure 3.11 est un agrandissement (un zoom) sur des parties de l'image *Texture* afin de montrer la différence de la qualité visuelle. Des parties de l'image *Barbara* sont aussi montrées dans la Figure 3.12.

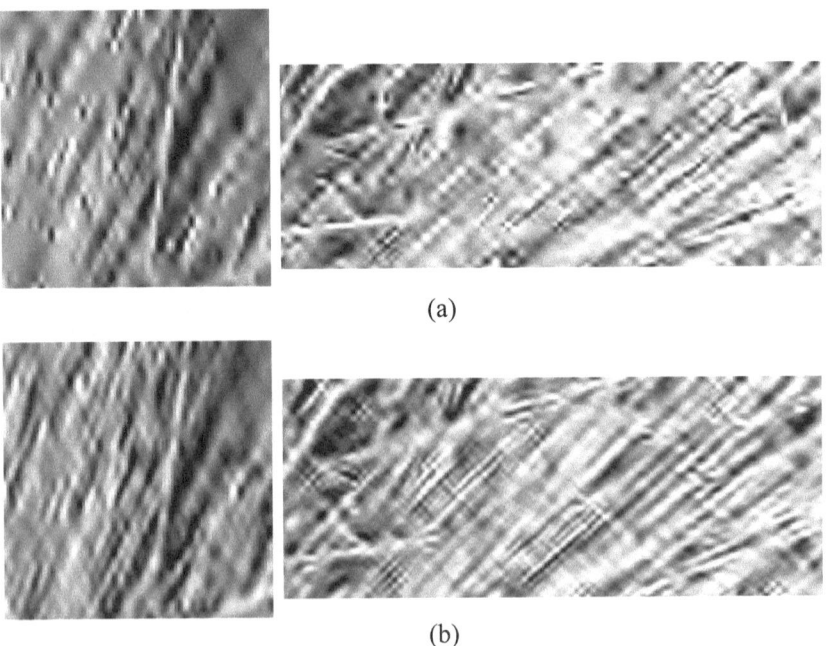

(a)

(b)

Figure 3.11. Agrandissements des parties de l'image *Texture* décompressée à 0.2 *bpp* (a) par ondelettes (b) par DCT – DWT hybride.

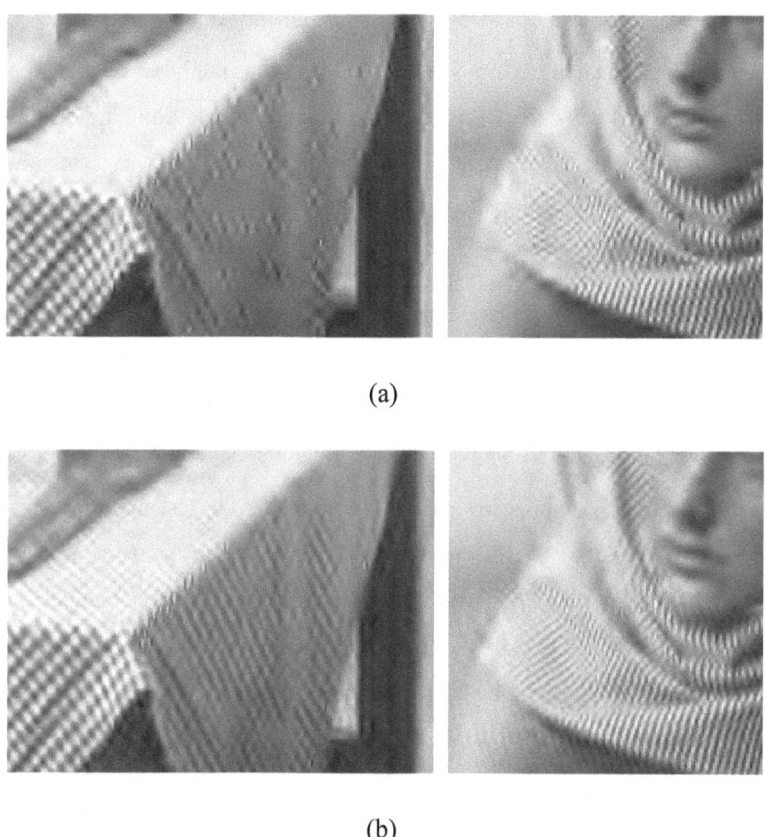

(a)

(b)

Figure 3.12. Agrandissements des parties de l'image *Barbara* décompressée à 0.25 *bpp* (a) par ondelettes (b) par DCT – DWT hybride.

En plus des performances obtenues par la transformation proposée en termes de mesure du *PSNR*, les résultats obtenus par l'utilisation de cette transformée montrent qu'elle est capable de donner des résultats supérieurs en termes de la qualité visuelle par rapport aux résultats obtenus par la transformée en ondelettes. Donc, la transformation hybride DCT – DWT peut préserver les caractéristiques directionnelles contenues dans l'image surtout pour les images hautement texturées et améliore la distorsion (*PSNR*) par rapport à la transformée en ondelettes.

75

5. Conclusion

Dans le présent chapitre, nous avons proposé une méthode de transformation hybride qui combine deux transformées très utilisées dans le domaine du traitement d'images est plus particulièrement dans la compression, c'est la transformée en cosinus discrète bidimensionnelle (DCT – 2D) et la transformée en ondelettes discrète bidimensionnelle (DWT – 2D).

La transformée DCT – 2D a été modifiée en premier lieu en une transformation multi-échelle permettant de représenter l'image dans plusieurs bandes de fréquences. Ensuite, elle a été utilisée avec la transformée en ondelettes (DWT – 2D) dans un algorithme de compression d'images à savoir le fameux codeur SPIHT.

Les résultats de compression de certaines images de test avec la transformée proposée et le codage SPIHT montrent l'efficacité du schéma utilisée. Des améliorations en termes du *PSNR* des images reconstruites ont été obtenues. D'autres parts, les qualités visuelles, très importantes, obtenues en comparaison avec la transformée en ondelettes valide la suprématie de la méthode de transformation proposée par rapport à la transformation en ondelettes classique.

Chapitre 4

Codage SPIHT Modifié

1. Introduction

Dans cette partie de notre travail, une modification du célèbre algorithme SPIHT est proposée. Les algorithmes de codage et décodage, relatifs à cette méthode, sont alors présentés avec les résultats obtenus.

Dans ce même chapitre, les résultats de compression, obtenus sur certaines images, utilisant la transformée hybride, du chapitre précédent, et l'algorithme SPIHT modifié sont présentés et comparés avec les résultats d'un algorithme de compression par ondelettes et codage à savoir SPIHT. La comparaison est faite en termes du débit ou rapport de compression, du *PSNR* et de la qualité visuelle des images reconstruites.

2. Codeur SPIHT modifié

L'algorithme de codage SPIHT est une version améliorée de l'algorithme de codage EZW. Il a été introduit par Said et Pearlman [25]. Il est probablement l'algorithme le plus utilisé parmi les méthodes de compression des images basées sur la transformée en ondelettes [65]-[66].Il représente une référence de base pour la comparaison des algorithmes de compression des images.

Dans ce travail, nous proposons une modification qui sert à améliorer les performances du codeur SPIHT [60]. Cette modification a été introduite au niveau des deux algorithmes de codage et décodage. L'idée de base de cette version modifiée est basée sur l'estimation des résidus des coefficients codés ou transmis par l'algorithme SPIHT, ensuite coder la moyenne de ces résidus avec la chaine de bits en sortie du SPIHT. Dans l'algorithme de décodage, la valeur moyenne des erreurs de codage est utilisée pour une étape de correction ou ajustement des coefficients reconstruits. Cette méthode donne des résultats plus performants que la méthode originale [60].

2.1 Estimation des résidus de codage

Avant de décrire l'algorithme modifié, nous commençons tout d'abord par donner quelques informations pertinentes concernant la dernière étape de l'algorithme de décodage SPIHT. Dans la référence [25], l'algorithme de décodage exécute une tache supplémentaire pour la mise à jour des coefficients reconstruits. Pour un seuil T_n donné, quand un coefficient est déplacé dans la *LCS*, il est évident que $T_n \leq w\ (i,j) < 2 \times T_n = 2^{n+1}$. Ainsi, pour réduire l'erreur de reconstruction du coefficient, le décodeur prend la valeur médiane de cet intervalle comme valeur de reconstruction la plus proche de la valeur originale. Ensuite, le décodeur utilise le bit de signe juste après l'insertion dans la *LCS* pour mettre $w\ (i,j) = \pm 1.5 \times T_n$.

De manière identique, pendant la passe de raffinement le décodeur ajoute ou soustrait $T_n/2$ à $w\ (i,j)$ quand il reçoit les bits de la représentation binaire de $|\ w\ (i,j)\ |$. De cette manière, la distorsion baisse simultanément pendant les deux passes. Ceci peut être expliqué comme un ajustement, après décodage complet, de chaque coefficient reconstruit par une valeur égale à la moitié du seuil courant. Cette étape rend les valeurs des coefficients reconstruits plus proches des coefficients originaux, et ainsi la distorsion résultante devient plus faible.

La Figure ci-dessous montre un exemple de l'étape de décodage SPIHT d'un certain nombre de coefficients avec seulement une partie des plans de bits. Deux parties pour chaque coefficient sont représentées ; partie décodée et non-décodée. Notons que les coefficients sont représentés par plans de bits (représentation binaire de chaque coefficient). Après un nombre de passes effectuées, une partie des représentations binaires des coefficients est obtenue. La valeur décodée du coefficient est obtenue en ajoutant des bits zéros sur la partie qui n'a pas encore été reconstruite ou décodée.

Bits de signes S_i	S_1	S_2	S_3	S_4				
	1	1	1	1	S_5	S_6		
Partie décodée	0	1	1	0	1	1	S_7	S_8
	1	1	0	0	0	1	1	1
	0	0	0	0	0	0	0	0
Partie non-	0	0	0	0	0	0	0	0
décodée	0	0	0	0	0	0	0	0
	0	0	0	0	0	0	0	0

Figure 4.1. Exemple de décodage des plans de bits.

Par conséquent, si le décodage s'arrête après un nombre de passes n, l'erreur produite pour chaque coefficient reconstruit est bornée par 0 et $T_n - 1$, d'où la valeur absolue maximale possible de cette dernière est égale à $T_n - 1$. Notons que la valeur absolue maximale possible de l'erreur influe directement sur la mesure de distorsion qui est basée sur l'écart entre les coefficients de l'image originale et l'image reconstruite.

Dans la méthode originale, un ajustement par une valeur égale à $T_n/2$ est effectué après décodage. Cela, permet de diminuer l'intervalle de variation de l'erreur à $-\left(\dfrac{T_n}{2} - 1\right)$ et $\dfrac{T_n}{2}$, et ainsi la valeur absolue maximale possible est diminuée à $T_n/2$. Cette étape d'ajustement dépend seulement du seuil courant et par conséquent elle est fixée pour toutes les images.

Pour être plus performant en termes de minimisation de la distorsion entre les coefficients reconstruits et originaux, nous avons proposé une étape d'ajustement différente. Cet ajustement doit rendre les coefficients reconstruits encore plus proches des coefficients originaux. Alors, contrairement à la méthode originale, l'erreur produite pendant l'étape de codage est estimée, ensuite elle est codée avec les coefficients déjà codés. Pendant l'étape de décodage, cette estimation est utilisée pour une mise à jour des coefficients reconstruits qui minimise les écarts par rapport aux pixels dans l'image originale.

Les étapes d'estimation des résidus des coefficients transmis ou codés ainsi que la moyenne sont simples à introduire dans l'algorithme original. Alors, avant codage des coefficients, l'erreur absolue $\left| e_{i,j} \right|$ est initialisée égale à $\left| w_{i,j} \right|$. Ensuite, pendant les deux passes de raffinement et de signification, elle est modifiée progressivement en la réduisant par une valeur égale à la valeur codée. A la fin de l'algorithme de codage (après aboutissement au débit désiré) l'erreur de codage en valeur absolue de chaque coefficient est obtenue.

Comme l'erreur calculée existe seulement pour les coefficients codés significatifs, la liste finale des coefficients significatifs *LCS* est utilisée avec l'erreur déjà calculée pour estimer la valeur moyenne de l'écart de tous les coefficients codés. Donc, après que la valeur absolue de l'erreur $\left| e_{i,j} \right|$ de chaque coefficient $w_{i,j}$ soit calculée, la valeur moyenne de toutes les erreurs relatives aux différents coefficients est calculée par l'expression suivante :

$$E = \frac{1}{K} \sum_{k=1}^{K} \left| e_{i,j} \right| \qquad (4.1)$$

Avec K qui représente le nombre de coefficients dans la dernière liste *LCS*.

Notons que chaque valeur de l'erreur absolue $\left| e_{i,j} \right|$ contient n bits (n est le nombre de passes dans l'algorithme SPIHT) et par conséquent la valeur de E est composée par le même nombre de bits. Alors, le nombre de bits à utiliser pour représenter la valeur E est automatiquement déterminé à partir de la valeur du seuil courant ou bien à partir du nombre de passes restantes n dans l'algorithme SPIHT. La représentation binaire de la moyenne E doit être ajoutée directement à la fin de la chaine de bits produite par l'algorithme SPIHT [60].

2.2 Algorithme de codage SPIHT modifié

Nous présentons dans cette partie l'algorithme de codage SPIHT détaillé avec les modifications ajoutées permettant d'estimer les résidus de codage de chaque coefficient codé ainsi que le calcul de la moyenne des résidus.

Algorithme de codage SPIHT modifié

1. **Initialisation :**

Sortie $n = \left\lceil \log_2\left(\mid w_{max}\mid\right)\right\rceil \Leftrightarrow T_n = 2^n$, $LCS = \varnothing$, $LCN = (i,j) \in LL$ }. LEN = LCN excepté ceux qui n'ont pas de descendants. L'erreur $e_{i,j} = \mid w_{i,j}\mid$.

2. **Passe de signification :**

2.1. Pour chaque $(i,j) \in LCN$ faire :

    2.1.1 Sortie $\sigma_{Tn}(i,j)$

    2.1.2 Si $\sigma_{Tn}(i,j)$ alors mettre (i,j) dans LCS et coder le signe de $w(i,j)$

    2.1.3 Mettre à jour $e_{i,j} = e_{i,j} - 2^n$.

2.2 Pour chaque $(i,j) \in LEN$ faire :

    2.2.1 Si l'entrée est de type A

        a. Sortie $\sigma_{Tn}(D(i,j))$

        b. si $\sigma_{Tn}(D(i,j)) = 1$ alors

            - Pour chaque $(l,m) \in O(i,j)$ faire :

            - Sortie $\sigma_{Tn}(l,m)$

                - si $\sigma_{Tn}(l,m) = 1$ alors mettre (l,m) dans LCS et coder le signe de $w(l,m)$ et mettre à jour $e_{i,j} = e_{i,j} - 2^n$.

                - si $\sigma_{Tn}(l,m) = 0$ alors mettre (l,m) à la fin de LCN.

            - Si $L(i,j) \neq \varnothing$ alors mettre (i,j) à la fin de LEN comme une entrée de type B, sinon enlever (i,j) de la liste LEN.

    2.2.2. Si l'entrée est de type B

        a. Sortie $\sigma_{Tn}(L(i,j))$

        b. si $\sigma_{Tn}(L(i,j)) = 1$ alors

            - mettre (l,m) à la fin de LEN comme une entrée de type A.

            - supprimer (i,j) de LEN

3. **Passe de raffinement :**

1. Pour chaque coefficient $(i,j) \in LCS$ à l'exception de ceux incluse dans la même passe de signification. Sortie le $n^{\text{ième}}$ bit significatif de $\mid w(i,j)\mid$.

---

2. mettre à jour $e_{i,j} = e_{i,j} - 2^n$.

4. Modification du pas de quantification :

$T_n = T_n / 2$ et aller à l'étape **(2)** jusqu'à ce que le rapport de compression soit achevé.

5. Calcul de la moyenne E

Calculer la moyenne des erreurs de tous les coefficients dans LCS (Equation **4.1**)

2.3 L'ajustement des coefficients significatifs reconstruits

Durant l'exécution de l'algorithme de décodage SPIHT original, la dernière étape de mise à jour est modifiée. Tous les coefficients significatifs reconstruits sont ajustés en utilisant la valeur moyenne pré-calculée E et la liste finale des coefficients significatifs *LCS*. La mise à jour de chaque coefficient dans la liste *LCS* est faite à partir de l'expression suivante :

$$w_{i,j} = w_{i,j} + sign\left(w_{i,j}\right) \times E \qquad (4.2)$$

Cette méthode peut être considérée comme un ajustement adaptatif compte tenu que la valeur utilisée E est une valeur qui dépend de l'image compressée et du seuil T. Contrairement à la méthode originale qui utilise un seuil fixe pour l'ajustement de toutes les images. Donc, la méthode d'ajustement utilisée arrive à minimiser les écarts entre les valeurs reconstruites et originales, et par la même occasion réduit la distorsion finale (en terme de *PSNR*) des images reconstruites. Cette étape dépend essentiellement des erreurs produites pendant l'étape de codage des coefficients transformés qui changent d'une image à l'autre.

3. Résultats de compression avec codeur SPIHT modifié

Dans cette partie, nous présentons les résultats expérimentaux obtenus par l'implémentation de l'algorithme SPIHT modifié avec la transformation en ondelettes. L'algorithme est appliqué sur un ensemble d'images de test pour l'évaluation des performances apportées par les modifications décrites ci-dessus. Les images de test ont toutes une résolution de (512×512) pixels.

Alors, chaque image est transformée par la transformation en ondelettes, ensuite les coefficients obtenus sont codés à partir de l'algorithme SPIHT modifié. Cinq (05) niveaux de décomposition sont appliqués pour chaque image. Les filtres d'ondelettes bi-orthogonaux 9/7 sont utilisés pour la décomposition. Après l'étape de décodage SPIHT, il y'aura ajustement des coefficients reconstruits et transformation en ondelettes inverse. Les dégradations ou les distorsions des images reconstruites sont mesurées avec la valeur du *PSNR*. Les résultats obtenus avec plusieurs rapports de compression pour les différentes images sont montrés dans le Tableau 4.1 avec comparaison par rapport aux résultats de compression obtenus par ondelettes et codage SPIHT original. Dans cette comparaison et pour les deux méthodes nous n'avons pas utilisé de codage arithmétique.

Selon ces résultats, nous remarquons que le codage SPIHT modifié est meilleur par rapport à la méthode originale pour toutes les images testées avec les différents débits de compression (de 0.1 jusqu'à 0.5 *bpp*).

Dans certains cas, les améliorations apportées sont relativement faibles par rapport à la méthode originale. En effet, la valeur utilisée pour l'ajustement (*E*) peut être très proche de la moitié du seuil courant, ou bien lorsque la différence entre les deux valeurs (la moyenne *E* et $T_n/2$) est non significative.

Image de test	Débit (*bpp*)	SPIHT original	SPIHT modifié
	0.1	23.82	23.94
	0.2	26.13	26.19
Barbara	0.3	27.62	27.91
	0.4	28.95	29.53
	0.5	30.74	30.80
	0.1	29.67	29.70
	0.2	32.65	32.65
Lena	0.3	34.18	34.32
	0.4	35.80	35.82
	0.5	36.69	36.75
	0.1	27.53	27.55
	0.2	29.08	29.24
Goldhill	0.3	30.57	30.63
	0.4	31.39	31.51
	0.5	32.13	32.33
	0.1	29.27	29.27
	0.2	31.50	32.19
Peppers	0.3	33.49	33.56
	0.4	34.19	34.57
	0.5	35.41	35.44
	0.1	20.55	20.94
	0.2	23.44	23.65
Fingerprint	0.3	25.49	25.53
	0.4	26.67	26.86
	0.5	27.69	27.98
	0.1	26.04	26.22
	0.2	28.42	28.56
Boats	0.3	29.76	30.27
	0.4	31.50	31.60
	0.5	32.38	32.56

Tableau 4.1. Résultats de comparaison du *PSNR* obtenus par codage SPIHT original et modifié.

Les améliorations apportées par le codage SPIHT modifié n'ont pas uniquement des conséquences sur le débit de compression. En effet, pour des débits de compression élevés le nombre de coefficients codés est faible et l'intervalle de l'erreur produite est large. Dans ce cas, on peut obtenir d'importantes améliorations lorsque la différence entre E et $T_n/2$ atteint une valeur maximale. Tandis que pour des faibles débits de compression, on doit coder plusieurs plans de bits de l'image transformée ce qui correspond à un seuil T_n de faible valeur. Dans ce cas, la différence entre la valeur estimée E et $T_n/2$ sera moins élevée car l'intervalle de variation de l'erreur est limité par $T_n/2$. D'autre part, le nombre de coefficients décodés, qui vont subir un ajustement, est plus grand et par conséquent l'amélioration par rapport à la distorsion globale de l'image peut être parfois importante.

La méthode de codage SPIHT avec les modifications introduites présente l'avantage qu'elle peut être utilisée avec d'autres algorithmes de codage progressif utilisant les mêmes principes que le codeur SPIHT (transmission progressive des plans de bits). A titre d'exemple nous pouvons citer les algorithmes de codage EZW, EBCOT, JPEG2000, SPECK et d'autres algorithmes. En plus, il est possible de combiner cette technique avec d'autres versions améliorées des algorithmes cités précédemment. En outre, les modifications introduites sur l'algorithme SPIHT sont indépendantes de la transformation en ondelettes et leurs implémentations sont très simples comme nous les avons montrés dans l'algorithme de codage SPIHT modifié décrit précédemment.

L'algorithme de codage SPIHT modifié utilise la valeur moyenne des résidus de codage pour l'ajustement des coefficients reconstruits. Donc, dans le cas où l'image est codée avec tous les plans de bits, c'est-à-dire presque sans perte, l'algorithme modifié ne peut apporter aucune amélioration car il n'existe plus d'erreurs dans cette situation. Il faut noter aussi que l'algorithme SPIHT original annule, dans ce cas-là, l'étape de mise à jour des coefficients par la valeur de $T_n/2$.

La transmission progressive des coefficients transformés les plus significatifs est une propriété très importante, offerte par l'algorithme SPIHT, dans le domaine de

86

la compression des images. Alors, la chaine de bits en sortie du codeur contient les bits MSB des coefficients les plus significatifs au début de cette chaine. En plus, pour avoir une version d'une image déjà reconstruite de qualité plus élevée il suffit de décoder les bits suivants dans la chaine de bits. Cette propriété est très efficace dans les systèmes de transmission, car même si la transmission s'interrompe à n'importe qu'elle instant de transmission, nous pouvons obtenir une version décompressée de l'image avec les bits reçue.

Dans l'algorithme SPIHT modifié la représentation binaire de la moyenne E est introduite à la fin de la chaine de bits en sortie du codeur (Figure 4.2).Alors, si la transmission de la chaine binaire s'interrompt avant que la valeur de E soit décodée, et comme la méthode d'ajustement proposée est basée sur cette valeur, alors l'algorithme de décompression ne peut plus utiliser le processus d'ajustement pour améliorer la qualité des coefficients significatifs reconstruits. Par conséquent l'algorithme reprend facilement le principe de la méthode SPIHT originale qui utilise la valeur de $T_n/2$ pour la réduction des erreurs de codage.

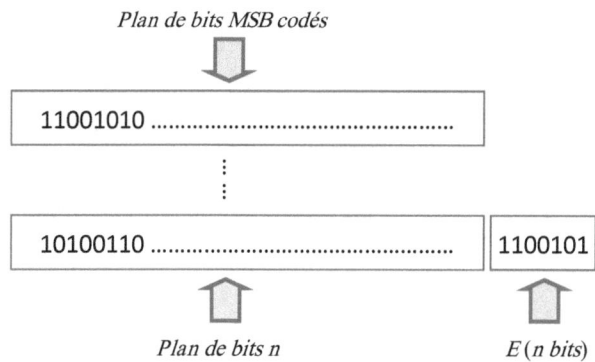

Figure 4.2. La chaine de bits de sortie du codeur SPIHT modifié.

Les résultats présentés dans le Tableau 4.1 sont représentés sous forme de courbes de distorsion – débit pour chaque image dans les Figures 4.3 à 4.8. Il faut noter ici, que les performances de cette méthode sont liées directement à la valeur estimée E. Autrement dit, lorsque la différence entre la moyenne (E) et la médiane ($T_n/2$) est importante, nous obtenons des gains en *PSNR* plus significatifs par rapport à l'algorithme original. Par exemple, avec l'image *Barbara* à 0.4 *bpp*, l'image *Peppers* à 0.2 et 0.4 *bpp* et l'image *Boats* à 0.3 *bpp*. Lorsque la différence entre la moyenne (E) et la médiane ($T_n/2$) est très faible, les améliorations par rapport au codeur SPIHT original sont moins importantes, telles qu'avec les images de *Lena* (Figure 4.4), *Goldhill* (Figure 4.5) et *Fingerprint* (Figure 4.7).

Dans certains cas, nous avons obtenus des valeurs de *PSNR* des codeurs SPIHT original et modifié égaux, par exemple à la Figure 4.4 de l'image *Lena* à 0.1 et 0.2 *bpp*. Ceci est obtenu lorsque les deux valeurs d'ajustement, la moyenne (E) et la médiane ($T_n/2$), utilisée par les deux codeurs (original et modifié) sont les mêmes. En aucun cas, les performances de la méthode proposée ne peuvent être moins que celles la méthode originale.

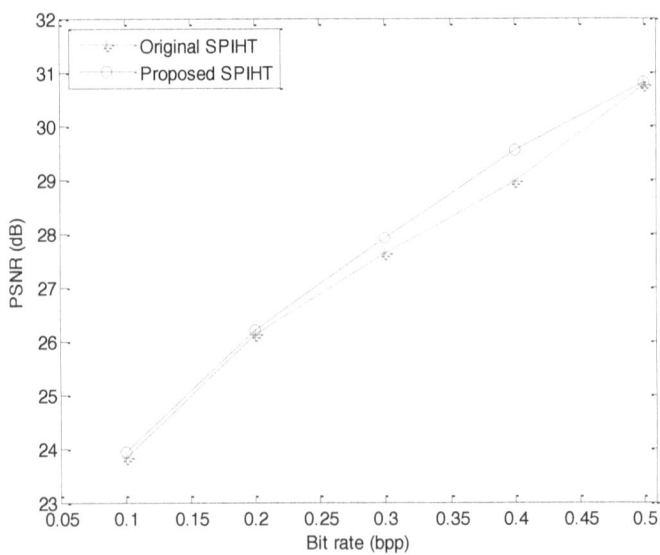

Figure 4.3. Courbe distorsion – débit pour l'image *Barbara*

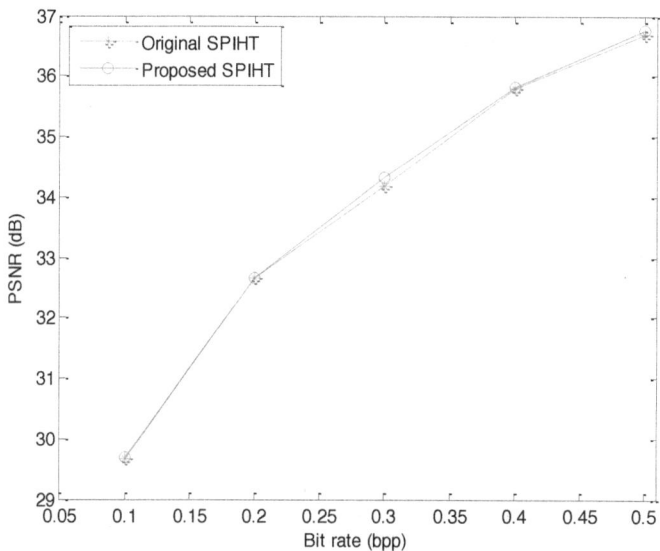

Figure 4.4. Courbe distorsion – débit pour l'image *Lena*

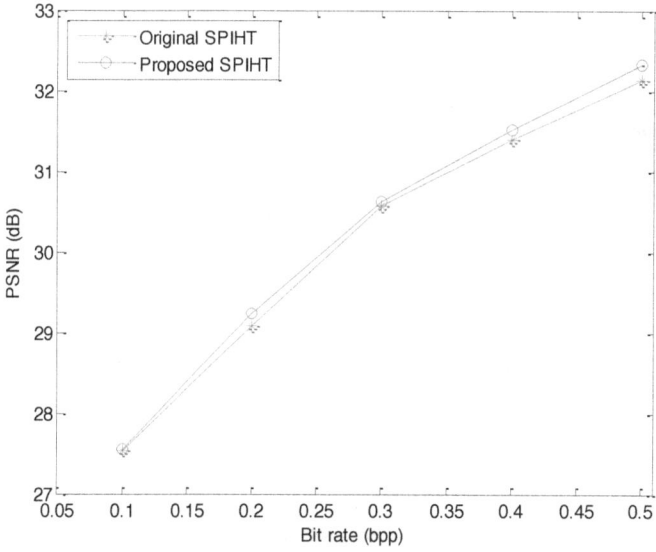

Figure 4.5. Courbe distorsion – débit pour l'image *Goldhill*

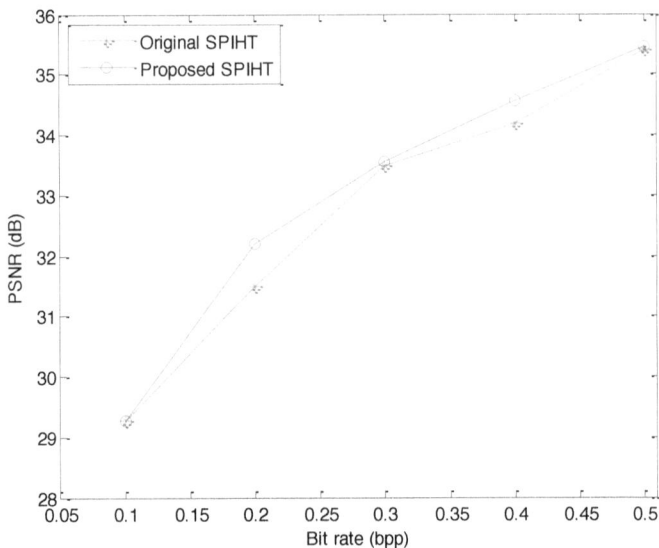

Figure 4.6. Courbe distorsion – débit pour l'image *Peppers*

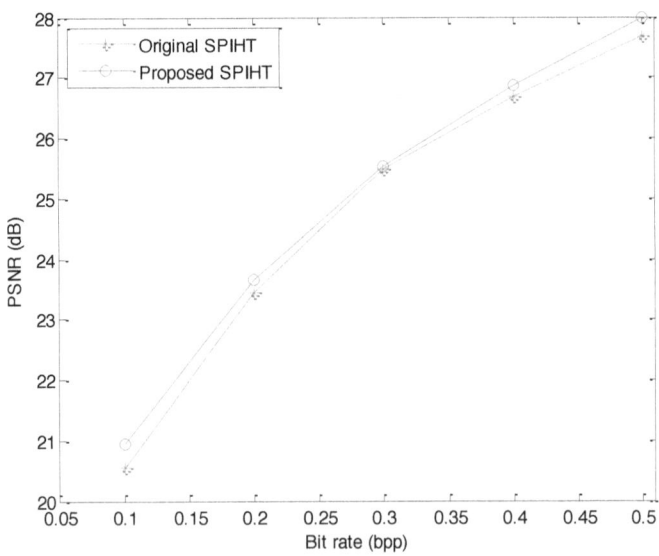

Figure 4.7. Courbe distorsion – débit pour l'image *Fingerprint*

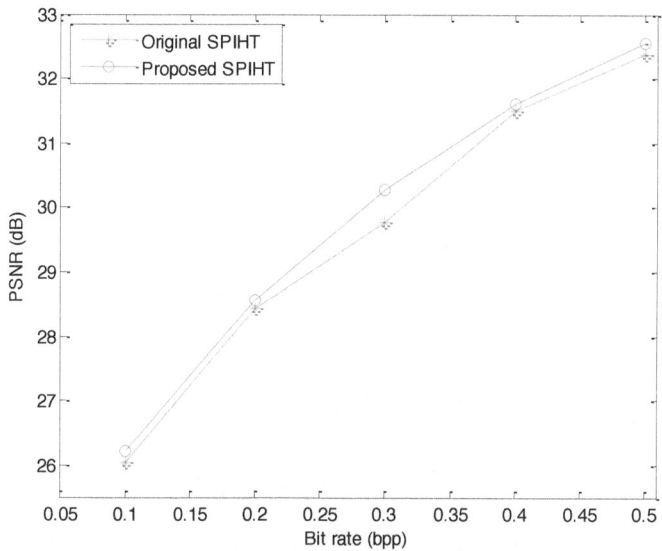

Figure 4.8. Courbe distorsion – débit pour l'image *Boats*

Les images reconstruites par transformation en ondelettes inverse après décodage par l'algorithme SPIHT et l'algorithme modifié sont montrées dans les figures 4.9 et 4.10. Nous présentons à la Figure 4.9 l'image de *Boat* décompressée à un débit = 0.3 *bpp*, avec un *PSNR* = 29.76 *dB* obtenu par SPIHT et *PSNR* = 30.27 *dB* obtenu par SPIHT modifié. L'image *Peppers* est montrée à la Figure 4.10 décompressée à un débit = 0.2 *bpp*, avec un *PSNR* = 31.50 *dB* obtenu par SPIHT et *PSNR* = 32.19 *dB* obtenu par SPIHT modifié.

Ces deux figures montrent des cas ou l'amélioration est importante (0.51 *dB* pour l'image *Boat* et 0.69 *dB* pour l'image *Peppers*) et donnent une appréciation qu'il n'existe pas une différence entre les méthodes au niveau de la qualité visuelle. En réalité, l'amélioration de qualité visuelle des images décodées par SPIHT modifié est difficile à détecter rapidement dans l'image. Ceci est dû au fait que l'amélioration apportée n'est jamais située dans une région qui peut être définie a priori. En effet, l'existence ou non d'une amélioration de la qualité d'un coefficient reconstruit est aléatoire.

(a)

(b)

(c)

Figure 4.9. Résultat de décompression de l'image *Boat* (a) image originale (b) compressée par ondelettes et codage SPIHT à 0.3 *bpp*, *PSNR* = 29.76 *dB* (c) compressée par ondelettes et codage SPIHT modifié à 0.3 *bpp*, *PSNR* = 30.27*dB*.

(a)

(b)

(c)

Figure 4.10. Résultat de décompression de l'image *Peppers* (a) image originale (b) compressée par ondelettes et codage SPIHT à 0.2 *bpp*, *PSNR* = 31.50 *dB* (c) compressée par ondelettes et codage SPIHT modifié à 0.2 *bpp*, *PSNR* = 32.19*dB*.

4. Résultats de compression par transformation hybride et codage modifié

La transformation hybride DCT –DWT proposée dans le chapitre précédent et le codage SPIHT modifié sont indépendants. En effet, chacune de ces deux méthodes peuvent être utilisées séparément dans des algorithmes de compression différents ou encore ensembles dans un même algorithme.

Alors, les résultats de compression de plusieurs images de test par transformation hybride et codage SPIHT modifié sont présentés dans cette partie. Les mêmes paramètres pour la transformation hybride sont gardés. Concernant les images de test, nous avons choisis des images qui contiennent un bon nombre d'informations géométriques (contours et textures) compte tenu que les performances de la transformation hybride dépendent du type des images compressées tandis que les performances du codeur modifié sont universelles.

Les résultats de compression et décompression en terme de *PSNR* des images *Barbara, Fingerprint, Baboon* et *Texture* sont exposés respectivement sur les Tableaux 4.2 – 4.5. Ces tableaux contiennent les valeurs des *PSNR* après compression par les deux transformations (DWT et DCT – DWT hybride) utilisant le codage SPIHT original et le codage modifié.

Débit	DWT		DCT – DWT Hybride	
(*bpp*)	SPIHT	SPIHT modifié	SPIHT	SPIHT modifié
0.1	23.82	23.94	24.02	24.19
0.2	26.13	26.19	26.81	26.88
0.3	27.62	27.91	28.45	28.70
0.4	28.95	29.53	29.42	30.38
0.5	30.74	30.80	31.45	31.56

Tableau 4.2. Résultats de comparaison des *PSNR* de l'image *Barbara*

Débit	DWT		DCT – DWT Hybride	
(*bpp*)	SPIHT	SPIHT modifié	SPIHT	SPIHT modifié
0.1	20.55	20.94	20.92	21.29
0.2	23.44	23.65	24.08	24.25
0.3	25.49	25.53	26.09	26.17
0.4	26.67	26.86	27.27	27.41
0.5	27.69	27.98	28.30	28.48

Tableau 4.3. Résultats de comparaison des *PSNR* de l'image *Fingerprint*

Débit	DWT		DCT – DWT Hybride	
(*bpp*)	SPIHT	SPIHT modifié	SPIHT	SPIHT modifié
0.1	21.01	21.09	21.07	21.16
0.2	22.10	22.28	22.17	22.36
0.3	23.31	23.38	23.37	23.46
0.4	24.09	24.26	24.17	24.35
0.5	24.81	25.08	24.88	25.15

Tableau 4.4. Résultats de comparaison des *PSNR* de l'image *Baboon*

Débit	DWT		DCT – DWT Hybride	
(*bpp*)	SPIHT	SPIHT modifié	SPIHT	SPIHT modifié
0.1	13.28	13.28	13.33	13.46
0.2	14.59	14.74	14.86	15.01
0.3	15.67	15.98	16.00	16.34
0.4	16.89	16.94	17.25	17.33
0.5	17.60	17.75	18.08	18.25

Tableau 4.5. Résultats de comparaison des *PSNR* de l'image *Texture*

Selon les résultats présentés sur les tableaux précédents, nous remarquons que les performances du codage SPIHT modifié sont bien lisibles avec les deux transformations utilisées. En plus les performances de la transformation hybride sont toujours présentes même avec le codage modifié.

L'algorithme hybride proposé donne des résultats de compression et décompression meilleurs en comparaison avec l'algorithme basé sur la transformée en ondelettes et le codeur SPIHT pour des débits de compression entre 0.1 et 0.5 *bpp*. Les améliorations de la transformation hybride pour l'image *Barbara* sont entre 0.20 et 0.83 *dB* et le gain global de l'algorithme avec codage modifié est entre 0.37 et 1.43 *dB*. Pour l'image *Fingerprint*, le tableau 4.3 montre des améliorations de la transformation à partir de 0.37 jusqu'à 0.64 *dB* où le gain générale de l'algorithme, en utilisant le codage modifié, est entre 0.68 et 0.81 *dB*. Dans le Tableau 4.4, le gain est relativement faible pour la transformation avec l'image *Baboon* et les améliorations de l'algorithme complet sont entre 0.15 et 0.34 *dB*. Les améliorations apportées par la transformation hybride pour l'image *Texture* sont entre 0.05 et 0.48 *dB* avec un gain général de l'algorithme avec codage modifié entre 0.18 et 0.67 *dB*.

Le gain maximal en *PSNR* de la transformation hybride DCT – DWT est obtenu à 0.3 *bpp* (0.83 *dB*) avec l'image *Barbara* et l'amélioration maximale de l'algorithme avec codeur SPIHT modifié est obtenue à 0.4 *bpp* (1.43 *dB*) avec la même image.

Les résultats du codeur SPIHT modifié avec transformée hybride, qui sont meilleurs par rapport aux résultats des ondelettes avec le même codeur, montrent aussi les vraies performances de la transformation hybride elle-même du fait que les pertes dans les valeurs des coefficients pendant le codage SPIHT sont minimisées par codeur modifié.

Les Figures 4.11 – 4.14 présentent les courbes de "distorsion–débit" de la transformation en ondelettes avec codage SPIHT original et la transformation hybride en utilisant le codage SPIHT original et modifié.

Les courbes représentées ci-dessous, illustrent bien les performances du codeur modifié mentionnées précédemment. En effet, des gains en *PSNR* existent à différentes débit de compression pour chacune des images de test utilisée. Les résultats présentés sont toujours meilleurs par rapport au codeur original. Ceci montre l'indépendance des résultats du codeur proposée par rapport à un débit de compression donné ou par rapport à une image quelconque. De plus, ceci montre aussi l'indépendance de cette méthode à la transformation de l'image elle-même.

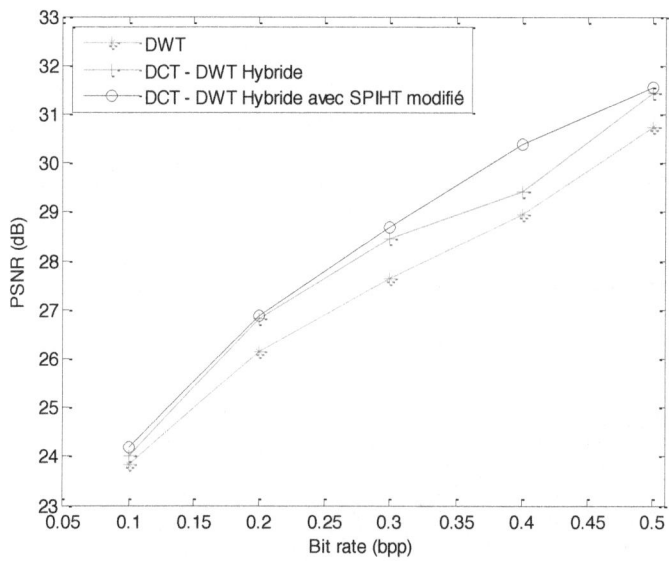

Figure 4.11. Les résultats de distorsion – débit pour l'image *Barbara*

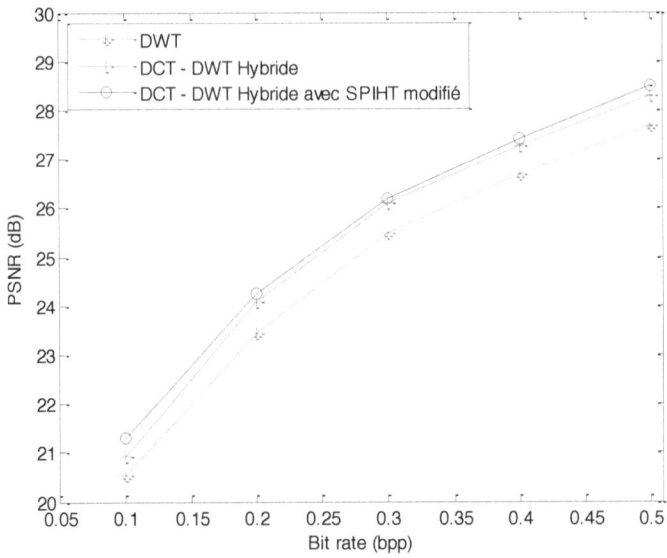

Figure 4.12. Les résultats de distorsion – débit pour l'image *Fingerprint*

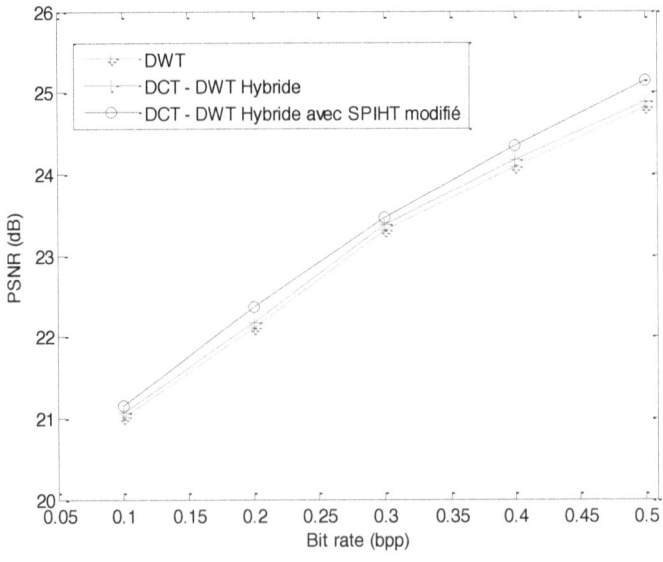

Figure 4.13. Les résultats de distorsion – débit pour l'image *Baboon*

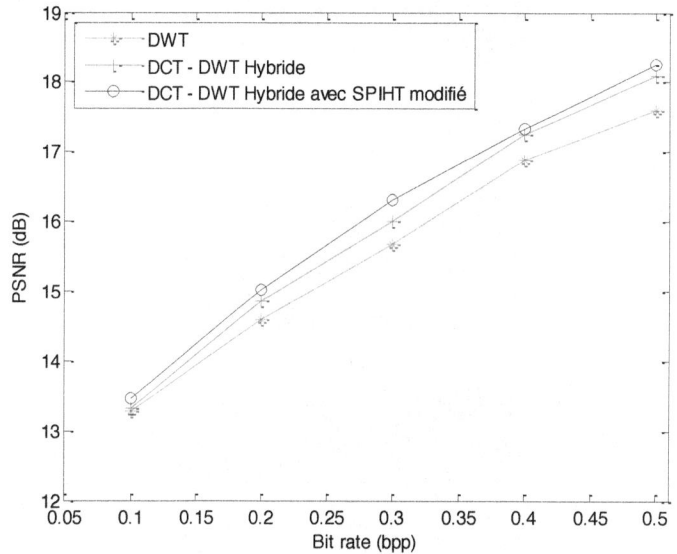

Figure 4.14. Les résultats de distorsion – débit pour l'image *Texture*

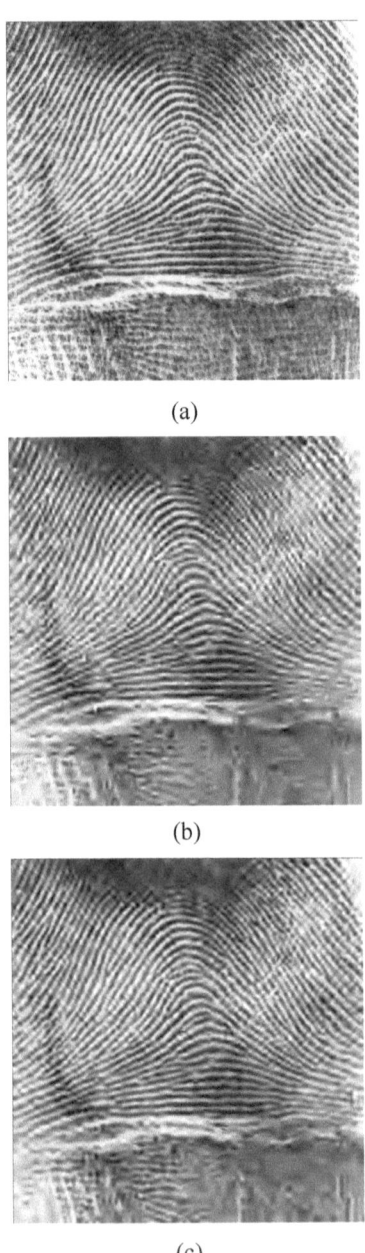

(a)

(b)

(c)

Figure 4.15. Résultat de décompression de l'image *Fingerprint* (a) image originale (b) compressée par ondelettes et codage SPIHT à 0.1 *bpp*, *PSNR* = 20.55 *dB* (c) compressée par DCT – DWT hybride et codage SPIHT modifié à 0.1 *bpp*, *PSNR* = 21.29 *dB*.

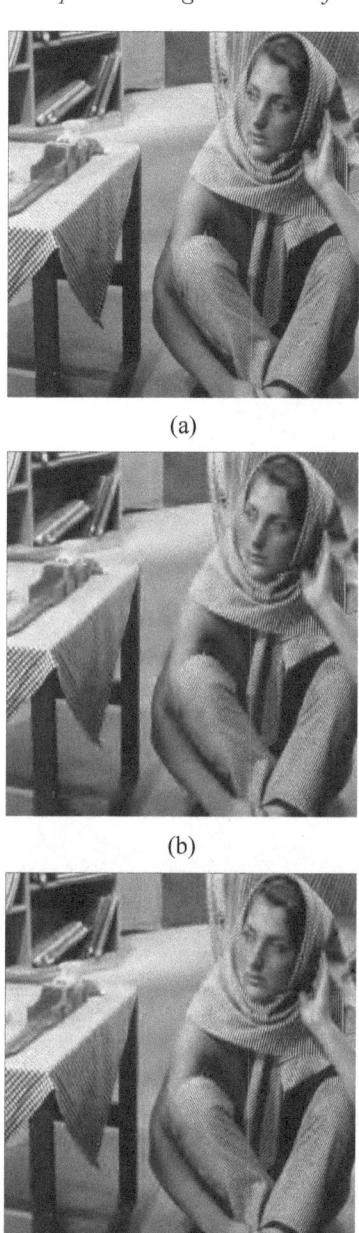

(a)

(b)

(c)

Figure 4.16. Résultat de décompression de l'image *Barbara* (a) image originale (b) compressée par ondelettes et codage SPIHT à 0.25 *bpp*, *PSNR* = 26.92 *dB* (c) compressée par DCT – DWT hybride et codage SPIHT modifié à 0.25 *bpp*, *PSNR* = 27.87 *dB*.

(a)

(b)

(c)

Figure 4.17. Résultat de décompression de l'image *Texture* (a) image originale (b) compressée par ondelettes et codage SPIHT à 0.3 *bpp*, *PSNR* = 15.67 *dB* (c) compressée par DCT – DWT hybride et codage SPIHT modifié à 0.3 *bpp*, *PSNR* = 16.34 *dB*.

Les figures correspondantes aux images reconstruites de *Fingerprint, Barbara* et *Texture* sont montrées et les performances de la transformée hybride et codage modifié sont clairement exposés.

L'aspect le plus intéressant pour les algorithmes de compression des images avec pertes est la qualité subjective des images reconstruites où la qualité visuelle de ces images est très significative dans l'évaluation d'un algorithme. Alors pour illustrer cette caractéristique importante, nous faisons une comparaison entre les résultats de décompression des images de *Fingerprint, Barbara* et *Texture*. Ces images sont compressées avec un débit de 0.1, 0.25 et 0.3 *bpp* respectivement. Les images reconstruites par les deux algorithmes : la transformée en ondelettes avec codage SPIHT et la transformée hybride avec codage SPIHT modifié sont montrées dans les Figures 4.15, 4.16 et 4.17.

La qualité visuelle de l'image *Fingerprint* reconstruit à 0.1 *bpp* avec l'algorithme hybride est supérieure à la qualité visuelle de la même image obtenue par l'algorithme basé sur la transformée en ondelette. Cette qualité est accompagnée avec un gain sur la mesure de distorsion par le *PSNR*. Les mêmes observations sur les qualités des images *Barbara* et *Texture* peuvent être données. Ils existent toujours certaines régions floues dans les images obtenues par ondelettes mais elles sont plus nettes (meilleure qualité) sur les images obtenues par l'algorithme hybride.

Ces observations sont présentes sur les régions plus texturées ou ils existent un certain nombre de contours de l'image. Alors, l'algorithme proposé est capable de restituer les contours et les textures des images hautement texturées par rapport à la technique basée sur la transformée en ondelettes avec une amélioration de la distorsion mesurée obtenue avec le *PSNR*.

5. Conclusion

Nous avons présenté dans ce chapitre une contribution permettant d'améliorer les performances du codeur SPIHT. L'idée principale est d'utiliser l'information sur les erreurs dans les coefficients codés pour s'approcher le plus des valeurs originales des coefficients après décodage. En effet, les distorsions des différents coefficients codés sont enregistrées pendant l'algorithme de codage. Enfin, une valeur moyenne représentant l'ensemble de ces erreurs est incorporée à la chaine de bits de sortie. L'ajustement ou la mise à jour des coefficients décodés est faite à la fin du décodage SPIHT par la valeur moyenne codée.

Les résultats trouvés après plusieurs essais sur différentes images ont montré les performances apportés par l'approche proposée. Des gains en *PSNR* ont été obtenus, ces derniers peuvent être obtenus aussi bien pour des débits faibles ou élevés. L'analyse des images reconstruites sur le plan visuel montre qu'il n'existe pas de grandes différences entre le codeur SPIHT original et modifié. Ceci est justifié par le fait que les améliorations apportées par la mise à jour après décodage sont plus globales et la localisation dans l'image est aléatoire.

Ainsi, l'application du codeur modifié avec la transformée hybride donne les mêmes remarques en termes du *PSNR* et de la qualité visuelle. Ce qui montre l'indépendance des modifications par rapport à la transformée en ondelettes ou toutes autres transformée.

Conclusion générale

Conclusion générale

La compression d'images numériques fixe est un problème très connue et les méthodes permettant de résoudre ce problème sont plusieurs. Parmi ces méthodes, celles basée sur la transformée en ondelettes constitue l'état de l'art de la compression d'images. Dans cette thèse nous avons traité le problème avec ce type de méthodes. Particulièrement, les images contiennent plus d'informations géométriques, représentées par les contours et la texture, sont mal traitées par la décomposition en ondelettes qui produit beaucoup de coefficients de fortes amplitudes correspondant à ces contours. Par conséquent, la recherche de nouvelles transformées pour dépasser les limitations des ondelettes est très importante pour le développement des algorithmes plus efficaces pour la compression d'images.

Nous avons proposé dans cette thèse une méthode de transformation hybride utilise la transformation en cosinus discrète bidimensionnelle DCT – 2D et la transformation en ondelettes discrète bidimensionnelle DWT – 2D. L'hybridation de ces deux transformations, très connue dans le domaine de la compression, est intéressante et les résultats donnés par l'application sur des images de tests dépassent la transformation en ondelettes en termes de la qualité objective et subjective des images reconstruites.

La distorsion mesurée par la valeur du *PSNR* de l'algorithme de compression basée sur la transformation hybride DCT – DWT est meilleur par rapport à la distorsion obtenue en utilisant un algorithme de compression par ondelettes. En plus, la qualité des images reconstruites montre que cette méthode est capable de préserver les caractéristiques géométriques dans l'image originale. L'algorithme utilisé est basée sur codage des coefficients transformés par l'algorithme SPIHT qui permet une compression progressive de l'image avec un contrôle précise de débit de compression.

Nous avons présenté aussi une version modifiée de l'algorithme SPIHT, cette modification est basée sur l'estimation de la moyenne des résidus de codage des coefficients transformés significatifs. Ensuite et après décodage, l'ajustement des coefficients significatifs reconstruits est possible en utilisant cette valeur estimée. La méthode originale utilise une valeur d'ajustement fixe tandis que la modification introduite utilise une valeur qui dépend des erreurs produites après codage des coefficients et alors elle dépend de l'image à compressée elle-même. L'application de cette méthode sur un ensemble d'images de tests plus large a montrés une amélioration de la distorsion obtenue par le *PSNR*. Cette méthode nécessite seulement le codage de l'estimé avec la chaine de bits en sortie du codeur SPIHT.

Le codage SPIHT modifié et la transformation hybride DCT – DWT sont indépendants l'une de l'autre. Les performances de chaque méthode ont été montrée, or l'utilisation des deux méthodes dans un seul algorithme pour la compression des images hautement texturées est possible et permet de bien améliorer les résultats obtenus en termes de la qualité objective et subjective.

L'implémentation de la transformation hybride est très simple, les deux algorithmes utilisés pour l'hybridation sont très connus et déjà utilisés, en plus ils possèdent tous les deux des algorithmes de calcul rapides. Ce qui simplifié son intégration dans plusieurs systèmes de compression d'images existants.

Les modifications introduites au niveau de la méthode de codage SPIHT sont aussi simples a implémentés et elles ont l'avantage qu'elles peuvent être utilisées avec d'autres algorithmes de codage progressifs comme le codeur SPIHT ou bien les utilisées avec d'autres versions améliorées des algorithmes progressifs.

En perspectives de ce travail, les applications de la transformée hybride sont plusieurs. Dans le domaine de la compression d'images, l'application sur d'autres types d'images telles que les images médicales ou les empreintes digitales est possible et les performances doivent être étudiées pour chaque type d'images.

Les applications de la compression existent dans plusieurs domaines et pour plusieurs signaux. Pour des signaux monodimensionnels tels que le signal vocal et le signal électrocardiographique (ECG) ou des signaux tridimensionnels tel que le signal vidéo, la transformation proposée peut être définie pour l'application à ces signaux c'est-à-dire l'utilisation de la transformée hybride 1-D ou 3-D. Les améliorations de l'algorithme SPIHT modifié sont universels et ne dépend plus de types des images utilisées ni de types de signal à compressé. Alors, l'utilisation de l'algorithme pour la compression d'autres types d'images ou de signaux est bien sur possible, et les performances sont assurées.

Les transformations mathématiques de l'image constituent un outil indispensable dans plusieurs applications de traitement d'images, le tatouage d'images, l'extraction des caractéristiques pour les applications de reconnaissances de formes, le débruitage ou aussi la restauration. L'étape de transformation est une clé dans toutes ces applications, et par conséquent les performances de la transformation hybride proposée peuvent être intéressantes pour ces applications. Notant que la configuration de la transformée peut être redéfinie pour optimiser les performances de son application dans chaque domaines où nous pouvons trouver une configuration différente pour chaque application.

Le jugement final sur les performances obtenus par l'utilisation de la transformée hybride pour la compression des images médicales ou les empreintes digitales, le débruitage ou tatouage ne peut être faite sans passer par une étude qui permet son évaluation.

Références bibliographiques

[1] V. Chappelier *"Codage progressif d'images par ondelettes orientées"* Thèse de Doctorat. Université de Rennes 1, 2005.

[2] M. Kunt, *"Traitement Numérique des Signaux,"* Traité d'électricité, d'électronique et d'électrotechnique Tome XX, Editions DUNOD, 1981.

[3] P. J. Burt & E. H. Adelson, "The laplacian pyramid as a compact image code," *IEEE Transactions on Communications*, vol. 31(4), pp. 532-540, 1983.

[4] J. W. Woods & S. D. O'Neil, "Subband coding of images, "*IEEE Transactions on Acoustics, Speech and Signal Processing*, vol. 34 (no 5): pp. 1278--1288, Oct. 1986.

[5] E. H. Adelson, E. Simon, & R.Hingorani, "Orthogonal pyramid transform for image coding," *In Visual Communications and Image Processing*: VCIP'87, volume 845 II, pp. 50-59, 1987.

[6] S. G. Mallat, "A theory for multiresolution signal decomposition: The wavelet representation," *IEEE Transactions on Pattern Analysis and Machine Intelligence*, vol. 11 (no 7): pp. 674-693, Juillet 1989.

[7] M. Vetterli, "Wavelets, approximation and compression," *in IEEE Signal Processing Magazine*, pp. 59-73, Sept. 2001.

[8] E. Le Pennec, *"Bandelettes et représentation géométrique des images,"* Ph.D., Ecole Polytechnique, Dec. 2002.

[9] E. J. Candès, *"Ridgelets: Theory and Applications,"*Thèse de doctorat, Stanford university, 1998.

[10] E. J.Candès, & D. L.Donoho, "Curvelets – a surprisingly effective nonadaptive representation for objects with edges," *in Curve and Surface Fitting*, A. Cohen, C. Rabut, and L. L. Schumaker, Eds. Saint-Malo: Vanderbilt University Press, 2000.

[11] E. J. Candes& D. L. Donoho, "New tight frames of curvelets and optimal representations of objects with smooth singularities," *Tech. Rep.*, Stanford University, 2002.

[12] M. Do & M. Vetterli, "Pyramidal directional filter banks and curvelets," *in IEEE International Conference on Image Processing*, 2001.

[13] M. N. Do & M. Vetterli, "The contourlet transform: An efficient directional multiresolution image representation," *IEEE Transactions on Image Processing*,Oct. 2003.

[14] R. H. Bamberger & M. J. T. Smith, "A filter bank for the directional decomposition of images: theory and design," *IEEE Trans. Signal Proc.*, vol. 40, no. 4, pp. 882–893, April 1992.

[15] V. Chappelier & C. Guillemot, "Oriented Wavelet Transform for Image Compression and Denoising," *IEEE Transactions on Image Processing*, October, 2006.

[16] N. G. Kingsbury, "The dual-tree complex wavelet transform: a new efficient tool for image restoration and enhancement," in *European Signal Processing Conference*, pp. 319-322, Sept. 1998.

[17] A. B. Watson, "The cortex transform: rapid computation of simulated neural images," *Computer Vision, Graphics, and Image Processing*, vol. 39(3), pp. 311-327, Sept. 1987.

[18] E. P. Simoncelli & W. T. Freeman, "The steerable pyramid: A flexible architecture for multi-scale derivative computation," in *IEEE International Conference on Image Processing*, Nov. 1995.

[19] S. G. Mallat & Z. Zhang, "Matching pursuit with time-frequency dictionaries," in *IEEE Transactions on Signal Processing*, vol. 41, pp. 3397-3415, Dec. 1993.

[20] R. R. Coifman, Y. Meyer, & M. V. Wickerhauser, "Adapted wave form analysis, wavelet-packets and applications," in *International Conference on Industrial and Applied Mathematics*, pp. 41-50. 1991.

[21] F. G. Meyer & R. R. Coifman, "Brushlets: a tool for directional image analysis and image compression," in *Applied and Computational Harmonic Analysis*, vol. 4, pp. 147-187, 1997.

[22] D. L. Donoho& X. Huo, "Beamlet pyramids: a new form of multiresolution analysis, suited for extracting lines, curves and objects from very noisy image data," in *SPIE Conference on Wavelet Applications in Signal and Image Processing*, vol. 4119, pp. 434-444,2000.

[23] D. L. Donoho, "Wedgelets: Nearly minimax estimation of edges," in *Annals of Statistics*, vol. 27(3), pp. 859-897, 1999.

[24] V. Velisavljevic, B. Beferull-Lozano, M. Vetterli, and P. L. Dragotti, " Approximation power of directionlets," in *IEEE International Conference on Image Processing*, Sept. 2005.

[25] A.Said, & W. A. Pearlman, "A New Fast and Efficient Image Codec Based on Set Partitioning in Hierarchical Trees," *IEEE Trans. On Circuits and Systems for Video Technology*, vol. 6, no. 3, pp. 243-250, 1996.

[26] Y. Meyer, "Perception et Compression des Images Fixes," *CMLA*. Nov. 2005.

[27] T. Acharya & P. S. Tsai, "*JPEG2000 standard for image compression concepts, algorithms and VLSI architectures,*" John Wiley & Sons, New Jersey 2005.

[28] B. Gosselin, "Codage de l'information ; Représentation de l'Information et Quantification des Signaux," *Notes de cours*, Faculté polytechnique de Mons–TCTS, 2000.

[29] J.Ziv, & A. Lempel, "A universal algorithm for sequential data compression," *IEEE Transactions on Information Theory* 23, pp. 337–343, 1977.

[30] T. Welch, "A Technique for High-Performance Data Compression,"*Computer*1984.

[31] http://images.math.cnrs.fr/Compression-d-image.html

[32] D.A. Huffman, "A method for the construction of minimum-redundancy codes," *Proc. of the IRE*, vol.40, pp. 1098-1101., Sep. 1952.

[33] I. H. Witten, R. M. Neal, & J. G. Cleary, "Arithmetic Coding for Data Compression," *Communications of the ACM*, Vol. 30, No. 6, June 1987.

[34] http://www.journaldunet.com/developpeur/tutoriel/gra/011026gra_fractales.shtml

[35] J.-P. Coquerez & S. Philipp, "*Analyse d'images : filtrage et segmentation,*" Masson, 1995.

[36] Y. Gaudeau, "*Contributions en compression d'images médicales 3D et d'images naturelles 2D,*" Thèse de Doctorat de l'Université Henri Poincaré, Nancy 1, 2006.

[37] P. Bas, "Compression d'Images Fixes et de Séquences Vidéo," *Cours ENSERG/INPG*, Laboratoire des Images et des Signaux de Grenoble, 2003.

[38] V.A. Allen & J. Bellian, "Sub-Band Coding of the Discrete Cosine Transform in ECG Compression," *Proc. 15th Ann. Inter. Conf. IEEE Eng. Med. Biol. Soc.*, pp.790-791, Oct. 1993.

[39] V.A. Allen & J. Bellian, "ECG Data Compression Using the Discrete Cosine Transform (DCT)," *Proc. Comput. Cardiol. IEEE*, pp. 687-690, Oct. 1992.

[40] H. Lee & K.M. Buckley, "Heart-Beat Data Compression Using Temporal Beats Alignment and 2 – D Transforms," *Conf. Rec. Thirtieth Asilomar Conf. Sig. Syst. Comput.*, pp. 1224-1228, 1997.

[41] R. Le Page, *"Détection et Analyse de l'Onde P d'un Electrocardiogramme : Application au Dépistage de la Fibrillation Auriculaire,"* Thèse de doctorat à l'université de Bretagne occidentale, Fév. 2003.

[42] M.L. Hilton, "Wavelet and Wavelet Packet Compression of Electrocardiograms," *IEEE Trans. Biomed. Eng.*, vol. 44, pp. 394-402, May 1997.

[43] G. Peyré, *"Géométrie multi-échelles pour les images et les textures,"* Thèse de Doctorat de l'école polytechnique, 2005.

[44] R. DeVore,"Nonlinear approximation," *Acta. Numer.*, 7 :51–150, 1998.

[45] S.Tourancheau, "Prise en compte de la géométrie de l'image avant analyse par ondelettes dans le codage vidéo," *DEA* Université Louis Pasteur - Strasbourg I.

[46] G. Lebrun, " *Ondelettes géométriques adaptatives : vers une utilisation de la distance géodésique,* " Thèse de doctorat, Université de Poitiers, France 2006.

[47] D.L. Donoho, "Orthonormal ridgelet and linear singularities," *Mathematical Analysis*, 31, pp. 1062-1099, 2000.

[48] J.-L. Starck, E.J. Candes, & D.L. Donoho,"The curvelet transform for image denoising," *IEEE Transactions on Image Processing*, 11:670–684, 2000.

[49] M. Do,"*DirectionnalMultiresolution Image Representation*," PhD thesis, EPFL, 2001.

[50] R. R. Coifman, Y. Meyer, & M. V. Wickerhauser, "Size properties of wavelet packets," in *Wavelets and their applications*, pp. 453-470. Jones and Bartlett, Boston, MA, 1992.

[51] K. Ramchandran and M. Vetterli, "Best wavelet packet bases in a rate-distorsion sense," *IEEE Transactions on Image Processing*, vol. 2, pp. 160-175, Apr. 1993.

[52] E. Le Pennec& S. Mallat, "Image compression with geometrical wavelets," in *IEEE International Conference on Image Processing*, vol. 1, pp. 661-664,2000.

[53] E. Le Pennec and S. Mallat, "Sparse geometric image representation with bandelets, " *IEEE Trans. Image Proc.*, vol. 14, no. 4, pp. 423–438, April 2005.

[54] G. Peyré& S. Mallat, "Surface compression with geometric bandelets," in *SIGGRAPH*, Aug. 2005.

[55] J. Shapiro, "Embedded image coding using zerotrees of wavelet coefficients," *IEEE Transactions Signal Processing*, vol. 41, pp. 3445-3462, Dec. 1993.

[56] A. Islam & W. A. "Pearlman, An embedded and efficient low-complexity hierarchical image coder," in *SPIE Visual Communications and Image Processing*, vol. 3653, pp. 294-305, Jan. 1999.

[57] A. Said & W. A. Pearlman, "Low-complexity waveform coding via alphabet and sample-set partitioning," in *SPIE Visual Communications and Image Processing*, vol. 3024, pp. 25-37, Feb. 1997.

[58] J. Andrew, "A simple and efficient hierarchical image coder," in *IEEE International Conference on Image Processing*, vol. 3(3), pp. 658, 1997.

[59] D. Taubman, "High performance scalable image compression with EBCOT," *IEEE Transactions on Image Processing,* vol. 9(7), pp. 1158-1170, 2000.

[60] A. Boukaache & N. Doghmane, "Hybrid discrete cosine transform–discrete wavelet transform for progressive image compression", *J. Electron. Imaging* 21, 013006 (Feb 27, 2012); http://dx.doi.org/10.1117/1.JEI.21.1.013006

[61] Yen-Yu Chen, "Medical image compression using DCT-based subband decomposition and modified SPIHT data organization" *International Journal of medical informatics* 76, pp. 717–725, 2007.

[62] S. Tai, C. C. Sun & W. C. Yan, "A 2-D ECG compression method based on wavelet transform and modified SPIHT," *IEEE Trans. Biomed. Eng.*, 52(6), pp. 999-1008, 2005.

[63] Z. Lu, D. Y. Kim & W. A. Pearlman, "Wavelet compression of ECG signals by the set partitioning in hierarchical trees algorithm," *IEEE Trans. Biomed. Eng.*, 47(7), pp. 849-856 2000.

[64] W.A. Pearlman, B.-J. Kim & Z. Xiong, "Embedded video subband coding with 3D SPIHT," Chap. 24 in *Wavelet Image and Video Compression*, N. P. Topiwala, Ed., 397-432, Kluwer Academic Publishers, Boston, 1998.

[65] S. Chang & L. Carin, "A Modified SPIHT Algorithm for Image Coding With a Joint MSE and Classification Distortion Measure," *IEEE Trans. Image Processing*, 15(3), pp. 713-725, 2006.

[66] M. Akter, M. B. I. Reaz, F. Mohd-Yasin& F. Choong, "A Modified-Set Partitioning in Hierarchical Trees Algorithm for Real-Time Image Compression," *Journal of Communications Technology and Electronics*, 53(6), pp. 642–650, 2008.

Zeitfracht Medien GmbH
Ferdinand-Jühlke-Straße 7
99095 Erfurt, Deutschland
produktsicherheit@kolibri360.de

Druck:
CPI Druckdienstleistungen GmbH
im Auftrag der
Zeitfracht Medien GmbH
Ein Unternehmen der Zeitfracht - Gruppe
Ferdinand-Jühlke-Str. 7
99095 Erfurt